流媒体中关键技术研究

哈渭涛 著

科学出版社

北京

内 容 简 介

本书共6章,在已有的流媒体技术理论的基础上,较为系统地讨论流媒体传输过程中涉及的关键性问题。主要内容包括流媒体传输过程中的缓存技术、拥塞控制、代理服务器集群技术以及移动环境下流媒体传输等问题,在相关问题的阐述过程中不仅针对具体理论问题展开研究,而且还给出了在实际环境下的测试效果和仿真测试效果。本书的特点是概念准确、论述严谨、图文并茂,既重视基本原理的阐述,又力图反映流媒体技术的一些新发展。

本书可供数字媒体方向的研究生作为参考用书,也可供从事流媒体技术研究的工程技术人员学习参考。

图书在版编目(CIP)数据

流媒体中关键技术研究/哈渭涛著. —北京: 科学出版社, 2018.10
ISBN 978-7-03-058950-7

Ⅰ. ①流… Ⅱ. ①哈… Ⅲ.①多媒体技术–研究 Ⅳ. ①TP37

中国版本图书馆 CIP 数据核字 (2018) 第 221743 号

责任编辑: 宋无汗 张瑞涛 / 责任校对: 郭瑞芝
责任印制: 张 伟 / 封面设计: 陈 敬

科 学 出 版 社 出版
北京东黄城根北街16号
邮政编码: 100717
http://www.sciencep.com
北京凌奇印刷有限责任公司 印刷
科学出版社发行 各地新华书店经销
*
2018 年 10 月第 一 版 开本: 720 × 1000 1/16
2021 年 3 月第四次印刷 印张: 11
字数: 220 000
定价: 98.00 元
(如有印装质量问题, 我社负责调换)

前　言

中国互联网络信息中心 (CNNIC) 于 2017 年 8 月发布了第 40 次《中国互联网络发展状况统计报告》(以下简称《报告》)。《报告》显示，截至 2017 年 6 月，我国网民规模达到 7.51 亿，半年新增网民共计 1992 万，半年增长率为 2.7%；互联网普及率为 54.3%，较 2016 年底提升 1.1%；我国手机网民规模达 7.24 亿，较 2016 年底增加 2830 万；网民中使用手机上网的比例由 2016 年底的 95.1% 提升至 96.3%，手机上网比例持续提升。

《报告》同时指出，"网络娱乐类应用用户规模稳步增长，行业不断向正规化发展"，网络视频行业、各大视频网站均布局包括文学、漫画、影视、游戏及其衍生产品的泛娱乐内容新生态，生态化平台的整体协同能力正在逐步凸显，运营正规化和内容精品化是当前发展的主要方向。在网络的各项应用中，网络视频所占比例达到了 75.2%，位居各项应用的第三位。中国网络视频用户规模达 5.65 亿。

随着互联网技术的不断发展和广泛应用，网络中大量的数据以流媒体数据的形式表现出来。流媒体的实时性以及对带宽资源的需求，使得网络资源越来越不能满足要求，为了缓解网络压力和满足用户需求，许多新的技术被提了出来，其中包括流媒体代理缓存技术、流媒体传输拥塞控制技术、流媒体服务器集群调度策略以及移动环境下的流媒体传输技术等。

本书在已有的流媒体技术理论的基础上，主要介绍了代理缓存技术、前缀缓存的管理，以及对于补丁算法的改进及其实现；阐述了网络拥塞和各种拥塞控制方法，并深入研究和探讨了流媒体的各种拥塞控制机制，并在 TCP 友好速度控制机制 (TFRC) 算法的基础上提出了改进的拥塞控制算法；介绍了集群负载均衡技术的发展以及流媒体的相关协议，针对传统动态反馈算法存在的问题作出改进；对移动流媒体特性进行分析和研究，针对移动流媒体传输中的问题给出不同算法，并对给出的算法进行理论分析和实验验证。

本书得到了渭南师范学院学术专著出版基金的资助和科学出版社的大力支持，在此表示感谢。

由于作者水平有限，书中难免存在不足之处，尚请读者批评指正。

目　　录

第1章 绪 论

1.1 背 景

通信技术的飞速发展, 改变了传统信息处理、加工和传播的手段, 加快了人类文明进步的步伐。多媒体技术则综合了声音、文字、图像、动画和视频等多种交互手段, 拓宽了信息的表现形式, 为人类的数字生活带来了深刻变革。网络通信技术和多媒体技术相结合, 产生了流媒体 (streaming media) 的概念[1-3]。

流媒体是以流式传输技术通过网络传送的、在时间上具有连续性的媒体文件。与传统的多媒体相比, 流媒体具有如下特点[4,5]: ①流媒体的内容是时间上连续的媒体数据 (如视频、音频、动画等); ②流媒体内容可以不经转换便能通过网络流式传输; ③具有较强的实时性要求以及较好的用户交互性支持; ④支持边下载边观看的用户播放模式, 缩短了用户的启动等待时间; ⑤在客户端接收、处理和回放流媒体文件的过程中, 文件不在客户端长时间驻留, 播放完随即被清除, 不占用客户端的存储空间; ⑥由于流媒体文件不在客户端保存, 因而在一定程度上解决了媒体文件的版权保护问题。

近年来, 随着宽带网络的普及和 4G 研究的深入, 流媒体技术获得了广泛关注; 对因特网流量的统计表明, 流媒体业务流量正成为因特网上流量的主体; 权威机构调查发现, 流媒体业务已是 4G 网络中的杀手级业务。流媒体的应用系统、国际标准和基础研究正成为目前产业和科研密切关注的热点。

典型的流媒体应用包括视频会议、远程教育、视频监控、协同工作、IPTV、交互式多媒体游戏、数字化多媒体图书馆等。

1.2 研究领域和研究现状

流媒体系统的组成包括四个功能环节: 内容制作、发布、传输和播放[6]。流媒体的研究现状大致分为以下几个部分。

1.2.1 流媒体技术研究

1. 视频压缩及编码

传统的不可扩展性视频编码的目标是将视频压缩成适合一个或者几个固定码率的码流, 是面向存储的, 因此不适合网络传输。为了适应网络带宽的变化, 面向传输的可扩展性编码的思想应运而生。可扩展性编码就是将多媒体数据压缩编码成多个流，其中一个可以独立解码，产生质量粗糙的视频序列，它适应最低的网络带宽，称为基本层码流；其他的码流可以以层为单位在任何地点截断，称为增强层，用来覆盖网络带宽变化的动态范围，它们不可以单独解码，而只能与基本层和它以前的增强层联合在一起解码，用来提高观看效果。因此，可扩展性码流具有一定的网络带宽适应能力。

可扩展性编码主要分为时域可扩展性编码、空域可扩展性编码和质量可扩展性编码，可以选择在时间、空间和信噪比 (SNR) 中的一个或几个方面实现扩展。考虑到编码效率和复杂性两个方面，MPEG(动态图像专家组) 采纳了精细可扩展性编码 (FGS) 和渐进的精细可扩展性编码 (PFGS)，满足拥有不同网络带宽和不同分辨率接收设备的许多用户的需求，性能得到了更大的提高。结合多种视频编码技术来适应网络上的 QoS(quality of service，服务质量) 波动是今后可扩展性视频编码的发展方向。例如，可扩展性视频编码可以适应网络带宽的变化；错误弹性编码可以适应丢包；DCVC(delay cognizant video coding，延迟识别视频编码) 可以适应网络时延。这三种技术的结合可以更好地提供一种应对网络 QoS 波动的解决方案。

2. 应用层 QoS 控制技术

由于目前的因特网只提供 Best-effort 的服务，所以需要通过应用层的机制来实现 QoS 的控制。QoS 控制技术主要集中在对网络带宽的变化进行响应和处理分组丢失的技术上，主要可以分为两类：拥塞控制技术和差错控制技术。

拥塞控制只能减少数据包的丢失，但是网络中不可避免地会存在数据包丢失，而且到达时延过大的分组也会被认为没有用而丢弃，从而降低了视频质量。要改善视频质量，就需要一定的差错控制机制。差错控制机制包括以下几种。

(1) 前向纠错 (FEC)。FEC 是通过在传输的码流中加入用于纠错的冗余信息，在遇到包丢失的情况时，利用冗余信息恢复丢失的信息。它的不足之处是增加了编码时延和传输带宽。

(2) 延迟约束的重传。通常流的播放有时间限制，因此，仅在重传的时间小于正常的播放时间时，重传才是有价值的。

(3) 错误弹性编码 (error-resilient encoding)。在编码中通过适当的控制使得发生数据丢失后能够最大限度地减少对质量的影响。在因特网环境下，最典型的方法是多描述编码 (MDC)。MDC 把原始的视频序列压缩成多位流，每个流对应一种描述，都可以提供可接受的视觉质量。多个描述结合起来可以提供更好的质量。该方法的优点是实现了对数据丢失的鲁棒性和增强的质量，其缺点是相比单描述编码 (SDC)，它在压缩的效率上受到影响。而且由于在多描述之间必须加入一定的相关性信息，这进一步降低了压缩的效率。

(4) 错误的取消 (concealment)。错误的取消是指当错误已经发生后,接收端通过一定的方法尽量削弱对人的视觉影响。主要的方法是时间和空间的插值 (interpolation)。近年来的研究还包括最大平滑恢复、运动补偿时间预测等。

3. 流服务器

视频服务器在流媒体服务中起着非常重要的作用。当视频服务器响应客户的视频流请求以后,它从存储系统读入一部分视频数据到对应于这个视频流的特定缓存中,再把缓存的内容通过网络接口发送给相应客户,保证视频流的连续输出。目前存在三种类型的视频服务器结构。

(1) 通用主机方法。采用计算机主机作为视频服务器。它的主要功能是存储、选择和传送数据,缺点是系统成本高而且不利于发挥主机功能。

(2) 紧耦合多处理机。把一些可以大量完成某指令或者专门功能的硬件单元组合成的专用系统级联起来,就构成了由紧耦合多处理机实现的视频服务器。这种服务器费用低、性能高、功能强,但是扩展性较差。

(3) 调谐视频服务器。这种服务器主板上有一个独特微码的嵌入式仿真器控制。通过在主板中插入更多的服务通路,可以更方便地进行扩展。

对于流服务器,如何更有效地支持 VCR 交互控制功能,如何设计磁盘阵列上多媒体对象高效可靠的存储和检索,如何设计更好的可伸缩多媒体服务器,如何设计兼有奇偶和镜像特性的容错存储系统,这些都是目前研究的重点。

1.2.2　流媒体应用形式研究

传输模式主要是指流媒体传输是点到点的方式还是点到多点的方式。点到点的模式一般用单播 (unicast) 传输来实现,点到多点的模式一般采用组播 (multicast) 传输来实现,在网络不支持组播的时候,也可以用多个单播传输来实现。实时性是指视频内容源是否实时产生、采集和播放,实时内容主要包括实况 (live) 内容、视频会议节目内容等,而非实时内容指预先制作并存储好的媒体内容。交互性是指应用是否需要交互,即流媒体的传输是单向的还是双向的。

视频点播 (VOD) 是目前最常见、最流行的流媒体应用类型。通常视频点播是对存储的非实时性内容以单播传输方式实现,除了控制信息外,视频点播通常不具有交互性。在具体实现上,视频点播可能具有更复杂的功能。例如,为了节约带宽,可以将多个相邻的点播要求合并成一个并以组播方式传输。

1.3　本书结构与主要内容

本书内容基于高校的科研项目,主要任务是搭建一个流式文件的传输环境,并且研究流媒体技术中的相关技术。全书分为 6 章。

第 1 章简述了流媒体技术的研究背景和研究现状，并介绍了本书的章节结构。

第 2 章较为系统地介绍了流媒体技术基础知识，包括流媒体的基本原理、发展现状和传输协议。对流式传输技术主要涉及的多种实时传输协议，如 RTSP、RTCP、RTP 等均作了较为细致的研究。

第 3 章主要介绍了代理缓存技术，首先对比网络缓存技术，提出流媒体缓存的概念，并提出了流媒代理缓存的设计目标和性能评价指标；着重阐述了流媒体服务器和流媒体代理服务器的搭建过程、前缀缓存的管理，以及对于补丁算法的改进及其实现，并完成了本书流式传输系统。

第 4 章主要阐述了网络拥塞和各种拥塞控制方法，并深入研究和探讨了流媒体的各种拥塞控制机制，并在 TCP 友好速度控制机制 TFRC 算法的基础上提出了改进的拥塞控制算法，利用数学证明验证了其正确性与完备性，并通过仿真软件 NS2 完成了相关的模拟实验和数据采集。通过对实验成果的分析与总结，改良后的 TFRC 算法动态调整和平衡发送端的传输速率，不轻易受网络拥塞的影响而波动，保持平稳的发送速度，对数据流的传输表现出良好的亲和性，从而保证了流媒体实时传输的 QoS。

第 5 章首先介绍了集群负载均衡技术的发展以及流媒体的相关协议，其次深入分析与研究了现有的静态和动态负载均衡算法，明确各种调度算法的适用场景，然后针对传统动态反馈算法存在的问题作出如下改进：①根据集群节点每秒钟任务连接数的变化量动态地修改负载反馈周期，提升集群节点负载反馈的及时性；②将集群节点按其负载状况分为低负载、正常负载和高负载三类，类之间根据总的负载权值进行任务分配，类中采用最小连接数算法分配任务，解决处理大量并发任务请求时存在的负载倾斜问题；③采用流媒体服务器的中继/转发功能实现过载节点的负载迁移，进一步提升集群的负载均衡效果。最后，本书对优化的负载均衡调度策略进行编码实现，并搭建流媒体服务器集群，对优化的调度策略进行验证，并同传统的动态反馈负载均衡算法和最小连接数算法进行比较。实验结果表明，优化的调度策略能够更加及时地反馈集群节点的负载状况，有效解决大量并发请求导致的集群负载倾斜问题，提升集群的负载均衡效果和集群的服务质量。

第 6 章首先对移动流媒体特性进行分析和研究，由于用户的移动会导致以下问题：已经建立的连接中断；数据传输结构效果变差或者失效；无线连接的变化更加频繁；针对通信环境中的监控更难实施。针对这些问题给出保证截止时间的流媒体传输背压算法，并对给出的算法进行理论分析和实验验证；其次，由于背压算法分布式传输的特性，网络的收敛速度可能会比较慢，这在一定程度上会导致网络达到吞吐量最优所需要的时间变长，本章提出了基于簇的背压算法，实验证明，算法能够保证网络吞吐量在达到最优的同时，加快网络的收敛速度，提高用户对流媒体数据传输的满意度；最后，为了在充分利用网络资源的同时限制流媒体传输对其他传输的影响，减少端对端的传输延迟，本章研究了网络通信能力在达到吞吐量最优的同时最小化数据包传输的平均跳数的问题，并通过理论和实验证明算法在能够保证网络吞吐量达到最优的同时，降低端对端的传输延迟。

参 考 文 献

[1] 钟玉琢, 向哲, 沈洪. 流媒体和视频服务器 [M]. 北京: 清华大学出版社, 2003.

[2] 张丽. 流媒体技术大全 [M]. 北京: 中国青年出版社, 2001.

[3] Wu D, Hou Y T, Zhu W, et al. Streaming video over the Internet: approaches and directions[J]. IEEE Transactions on Circuits and Systems for Video Technology, 2001, 11 (3): 282-300.

[4] 李向阳, 卞德森. 流媒体及其应用技术 [J]. 现代电视技术, 2002, (4): 18-27.

[5] 李睿, 曾德贤. 流媒体关键技术与面临的问题 [J]. 现代电视技术, 2005, (5): 92-95.

[6] 李秋云, 郝建国, 陈鹏. 流媒体业务及技术发展 [J]. 数据通信, 2004, (2): 27-29.

第2章　流媒体基础

2.1　流媒体的基本原理

2.1.1　流媒体简介

流媒体是指在 Internet/Intranet 中使用流式传输技术的连续时间媒体,如音频、视频或多媒体文件。这个词首先出现在美国,英文是 "Streaming Media",中文就直接翻译成 "流媒体"[1-3]。

流媒体把连续的影像和声音信息经过特殊的压缩方式分成一个个压缩包,通过视频/音频服务器向用户计算机连续、实时地传送,用户可以一边下载一边观看、收听,而不需要等整个压缩文件下载到自己的机器后才可以观看。该技术先在用户端的电脑上创造一个缓冲区,于播放前预先下载文件的一小段数据作为缓冲,播放程序时取用这一小段缓冲区内的数据进行播放。在播放的同时,多媒体文件的剩余部分在后台继续下载填充到缓冲区。这样,当网络实际连线速度小于播放所耗用数据的速度时,可以避免播放的中断,也使得播放品质得以维持,所以流媒体最显著的特征是 "边下载、边播放"[4,5]。

2.1.2　流式传输的形式

目前,实现流式传输主要有两种方法:实时流传输和顺序流传输。一般来说,如视频为实时广播,或使用流媒体服务器,或应用如 RTSP 的实时协议,即为实时流传输。如使用 HTTP(hypertext transfer protocol,超文本传输协议) 服务器,文件即通过顺序流发送,即为顺序流传输。当然流文件也支持播放前完全下载到硬盘[6,7]。

1. 顺序流传输

顺序流传输 (progressive streaming) 其实就是顺序下载,在下载文件的同时,客户端可以欣赏在线流媒体内容。可是,服务器上的传送信息与用户欣赏到的内容并不是协调一致的,客户端机器看到服务器上传过来的内容,需要经过一段延迟。换句话说,客户端看到的都是服务器在一段时间以前传输过来的内容。

在传送过程中,在特定时间,客户端不能跳到前面还未下载的部分,但可以观看自己已经下载的内容。与实时流式传送相比,不能按照用户连接的速率对传送的视频流进行调节,只能被动接受和调整已经下载完成的部分。

对于顺序流式文件, 普通的 HTTP 服务器都可以传送, 不用其他特殊协议, 所以, 顺序流式传送也被叫作 HTTP 流式传送。高画质的短片段适宜采用顺序流式传输, 尤其是那些质量较高、数据量很小、采用 Modem 推出的短片段, 如片头、片尾和广告, 因为已经无损下载播放前观赏的那部分文件, 因此可以确保流媒体影像播放的最终 QoS。但是, 对于这种方式, 用户在观看前必须经历一段时间的延迟加载, 对于那些较慢的接入方式和低速率的带宽, 需要等待很长的时间。

顺序流式传输对于那些采用调制解调器推出的短片段很有效, 它创建视频片段, 可以容忍数据的速率比调制解调器还高。尽管有延迟, 但是可以推出较高画质的视频片段, 所以适宜于在网站上推出的客户端点播的音视频节目。

顺序流式文件一般都是存放在标准 HTTP 或 FTP 服务器上, 和防火墙无关, 方便维护。严格来说, 顺序流式传送是一种点播技术, 不提供现场广播, 同样不适宜有按需随意访问要求的或者长段视频, 如讲座、演示与演说。

2. 实时流传输

实时流传输 (realtime streaming) 在确保媒体信号带宽可以满足它连接的网络的前提下, 可实时观看流式传输节目。实时流式传送和 HTTP 流式传送不同, 必须采用专门的流媒体服务器和传送协议, 才能准确无误地将流媒体作品内容传送到用户客户端并实时连续展示出来。

实时流式传送尤其适用于现场事件, 因为它总能够保证实时连续传送, 还可以随意访问, 即客户端可以撤退、快进观赏后面或前面的信息, 这是顺序流式传送所不具备的。在理想状态下, 实时媒体数据流只要开始播放, 就不会暂停, 可现实生活中, 仍然会发生规律性的停歇现象。

实时流式传送需要满足通信链路的带宽, 这会导致图像画质很差, 尤其是以调制解调器速率连接的时候。当互联网出现拥塞或延迟时, 出错的信息和丢失的信息很容易被忽视, 导致客户端显示的影像质量太差, 这个时候, 采用 HTTP 流式传送效果可能会更好。

要想通过实时流式传送媒体信息, 必须具备特定的流媒体服务器, 最终才能达成目标, 如微软的 Windows Media Server、Real Networks 公司的 Real Server、苹果公司的 QuickTime Streaming Server。这些流媒体传输服务器作用相当强大, 提供了多种级别的流式传送控制, 因此系统的管理与配置比标准的 HTTP 流媒体服务器复杂太多。

此外, 实时流式和 HTTP 流式传送不同的是, 必须采用对应的流媒体传输机制, 如 MMS(Microsoft media server, 微软媒体服务器) 协议、RTCP(realtime transport control protocol, 实时传输控制协议)、RTP(realtime transport protocol, 实时传输协议)、RSVP(resource reservation protocol, 资源预留协议)、RTSP(realtime streaming protocol，实时流协议)。这些协议面对防火墙时也许会被拦截住，造成客户端看不到实时内容。

显然，在现实应用中，按照需求来确定到底采取哪种传送方式，而且实时流式传送也支持在全部下载到硬盘然后再放映。实时流式传输模式能和流媒体服务器建立联系，正是因为采用了 RTP/UDP、RTSP/TCP 两种通信机制，将流媒体服务器的传输定位到目的地址，也就是执行流媒体播放器应用所在用户机器的 IP 地址。理论上，在网络带宽通畅无阻的情况下，比顺序流式传输功能强大许多，传输效率更高。通常来说，流式传输系统必须配备一套专门的流媒体服务器和流媒体播放器，而目前市面上用户电脑上的播放器几乎都支持流媒体播放。

2.1.3 流媒体服务器

服务器软件模型主要有两种，即循环服务器和并发服务器。循环服务器 (iterative server) 是指在一个时刻只处理一个请求的服务器，并发服务器 (concurrent server) 是指在一个时刻可以处理多个请求的服务器。事实上，多数服务器没有用于同时处理多个请求的冗余设备，而是提供一种表面上的并发性，方法是依靠执行多个线程，每个线程处理一个请求，从客户的角度看，服务器就像在并发地与多个客户通信[8-10]。

由于流媒体服务时间的不定性和数据交互实时性的请求，流媒体服务器一般采用并发服务器算法。

流媒体服务器的主要功能如下：

(1) 响应客户的请求，把媒体数据传送给客户。流媒体服务器在流媒体传送期间必须与客户的播放器保持双向通信 (这种通信是必需的，因为客户可能随时暂停或快放一个文件)。

(2) 响应广播的同时能够及时处理新接收的实时广播数据，并将其编码。

(3) 可提供其他额外功能，如数字权限管理 (DRM)，插播广告，分割或镜像其他服务器的流，以及组播。

2.2 流媒体技术的相关协议

2.2.1 实时传输协议

实时传输协议 (RTP) 是用于因特网上针对多媒体数据流的一种传输协议。RTP被定义为在一对一或一对多的传输情况下工作，其目的是提供时间信息和实现流同步。RTP 通常使用 UDP 来传送数据，但 RTP 也可以在 TCP 或 ATM 等其他协议上工作。当 RTP 工作于一对多的传输情况下时，依靠底层网络实现组播，利用 RTP over UDP 模式实现组播的传输就是其典型应用[11]。

1. RTP 协议工作原理

不可预估数据包到达客户端的时间，同时还要提供数据流的实时播放和回放，是流媒体数据流传输中必须要解决的重要问题。发送端在报文分组中插入一个隐蔽的实时时间标志 (时戳)，伴随时间的前进而不断增多，时戳把接收到的多媒体信息流按照正确的顺序提交到应用层。接收端拿到数据包后，按照时戳的准确速度恢复成原来的实时数据流。

RTP 协议本身担保数据包的可靠传送，也不负责网络阻塞和网络流量控制，真正负责流媒体传送 QoS 的是 RTCP。RTP 和 RTCP 协议协同工作，完成传输层的协议功能，RTP 只负责数据流的封装，通过 UDP 数据包承载，RTP 协议则控制其传送，提供可靠性保证。

RTP 传输协议有如下一些特点[12]。

1) 协议灵活性

RTP 协议不具备运输层协议的完整功能，其本身也不提供任何机制来保证实时地传输数据，不支持资源预留，也不保证服务质量。RTP 报文甚至不包括长度和报文边界的描述，而是依靠下层协议提供长度标识和长度限制。另外，RTP 协议将部分运输层协议功能 (如流量控制) 上移到应用层完成，简化了运输层处理，提高了该层效率。

2) 数据流和控制流分离

RTP 协议的数据报文和控制报文使用相邻的不同端口，这样大大提高了协议的灵活性和处理的简单性。

3) 协议的可扩展性和适用性

RTP 协议通常为一个具体的应用提供服务，通过一个具体的应用进程实现，而不作为 OSI 体系结构中单独的一层来实现，RTP 只提供协议框架，开发者可以根据应用的具体要求对协议进行充分扩展。

一个标准的 RTP 报文是由固定头 (fixed header) 和用户数据 (或称数据负载，payload) 两部分组成。RTP 协议的固定头格式如图 2.1 所示。

0			7	8	15	16	31
V	P	X	CSRC 计数	M	载荷类型	序号	
时间戳							
同步源 (SSRC) 标识符							
作用源 (CSRC) 标识符							

图 2.1 RTP 协议的数据包头

RTP 协议的固定头格式中各个参数的含义分别如下。

(1) V(version)：2 比特。标识 RTP 版本，现在为 2。

(2) P(padding)：1 比特。填充标志。若设置则报文包含一个填充的 8 位字节集，用于某些加密算法。

(3) X(extension)：1 比特。扩展位标志。若设置为 1，则在固定报文头后跟一个报文头扩展。

(4) CSRC 计数：4 比特。指出固定报文头后所跟的作用源标识符的数量。

(5) M(maker) 标志：1 比特。允许标记 (帧边界) 报文流中的重要事件。

(6) 载荷类型：7 比特。规定 RTP 报文中载荷的格式。

(7) 序号：16 比特。被接收方用来恢复报文序列和检测报文丢失。

(8) 时间戳：32 比特。表示抽样载荷数据时的时间。

(9) SSRC(synchronization source) 标识符：32 比特。同步源标识符是为一个 RTP 主机随机选择的标识符，相同源的所有报文具有相同的 SSRC 标识符，同一个 RTP 会话中的每个设备必须有一个唯一的 SSRC 标识符。

(10) CSRC(contributing source) 标识符：32 比特。作用源标识符包含一个当前报文中载荷源的列表，用于接收方标识源发送方。该字段只有当使用混合器组合不同的报文流时才会使用。

RTP 自身并不能为按顺序传送数据包提供可靠的传送机制，也不提供流量控制或拥塞控制，它依靠 RTCP 提供这些服务。

2. RTP 协议特点

1) 灵活性

RTP 协议不具备运输层机制的完整功能，本身不负责任何可靠性，也不确保 QoS，RTP 协议把部分运输层协议交给应用层处理。

2) 隔离数据流与控制流

RTP 协议的控制分组和内容分组采用不同的端口，处理起来更方便。

3) 扩展性与适用性

RTP 通过具体的进程供应服务，RTP 只负责控制机制架构和实现的接口，使用者能够自由扩展。

2.2.2   实时传输控制协议

1. RTCP 基本内容

实时传输控制协议 (RTCP) 与 RTP 构成了一个协议族，RTCP 和 RTP 一起提供流量控制和拥塞控制服务。在 RTP 会话期间，各参与者周期性地传送 RTCP 包。RTCP 包中含有已发送的数据包的数量、丢失的数据包的数量等统计资料，服务器利用这些信息动态地改变传输速率，甚至改变有效载荷类型。

RTCP 的主要功能是为应用程序提供会话质量或者广播性能质量的信息。每个 RTCP 信息包不封装声音数据或者电视数据，而是封装发送端和 (或) 接收端的统计报表。这些信息包括发送的信息包数目、丢失的信息包数目以及信息包的抖动等情况，这些反馈对发送端、接收端或者网络管理员都是很有用的。RTCP 规格没有指定应用程序应该使用这个反馈信息做什么，这完全取决于应用程序开发人员。例如，发送端可以根据反馈信息来修改传输速率，接收端可以根据反馈信息判断问题是本地的、区域性的还是全球性的，网络管理员也可以使用 RTCP 信息包中的信息来评估网络用于多目标广播的性能。

RTCP 协议的功能是通过不同的 RTCP 数据报来实现的，主要有以下几种类型。

(1) SR(发送端报告)：所谓发送端是指发出 RTP 数据报的应用程序或者终端，发送端同时也可以是接收端。

(2) RR(接收端报告)：所谓接收端，是指仅接收但不发送 RTP 数据报的应用程序或者终端。

(3) SDES(源描述)：主要功能是作为会话成员有关标识信息的载体，如用户名、邮件地址、电话号码等，此外还具有向会话成员传达会话控制信息的功能。

(4) BYE(通知离开)：主要功能是指示某一个或者几个源不再有效，即通知会话中的其他成员自己将退出会话。

(5) APP(应用特定函数)：由应用程序自己定义，解决了 RTCP 的扩展性问题，并且为协议的实现者提供了很大的灵活性。

RTCP 执行下列四大功能：

(1) 提供数据发布的质量反馈，这是 RTCP 最主要的功能。作为 RTP 传输协议的一部分，与其他传输协议的流量控制和拥塞控制相对应，RTCP 向会话的所有参与者发送反馈报文，这样做的目的是允许那些发现数据传输过程中出现问题的用户进一步判断问题仅和自己相关还是和所有参与者相关，并采取相应的措施。此外，在 IP 多点机制的支持下，RTCP 的这一功能还允许那些并不具体参加某一 RTP 会话的功能实体通过接收反馈报文来诊断网络服务的问题，扮演第三方参与者的角色。该功能由 RTCP 的 SR(发送端报告) 和 RR(接收端报告) 来具体完成。

(2) 对于每个 RTP 源来说，RTCP 为其分配一个持久的传输层标志，该标志被称为规范名字 (CNAME)。虽然前面介绍的 SSRC 标志符可以区分一个会话中的不同码流，但是当 RTP 发现不同码流的 SSRC 标志符发生冲突或程序重新启动时，SSRC 标志符会被更改。既然 SSRC 标识可改变，接收者需要 CNAME 跟踪参加者，也需要 CNAME 与相关 RTP 连接中给定的几个数据流联系。

(3) 前两种功能要求所有参加者发送 RTCP 包，因此，为了 RTP 扩展到大规模数量，速率必须受到控制，RTCP 给出了关于调整控制报文发送速率的方法。一个 RTP 用户能够通过接收来自于其他用户的 RTCP 报文, 独立地了解会话参与者的数目, RTCP 利用该数值参数为每个会话参加者计算控制报文的时间间隔。

(4) 传送最小连接控制信息。如参加者辨识, 最可能用在 "松散控制" 连接, 那里参加者自由进入或离开, 没有成员控制或参数协调, RTCP 充当通往所有参加者的方便通道, 但不必支持应用的所有控制通信要求。

2. RTCP 分组格式

RTCP 分组包是控制包, 包括固定头和可变长结构元素两块, 总共 32 位, 如图 2.2 所示。

2bit	3bit	8bit	16bit
Version	P	RC	Packet Type
Length			

图 2.2 RTCP 分组结构

(1) Version: 识别 RTCP 版本号, 必须与 RTP 数据包中的值保持一致。
(2) P: 数据包之间的间隙 (padding)。
(3) RC: 接收端统计数据。
(4) Packet Type: 数据包类型。
(5) Length: 数据包长度大小。

2.2.3 实时流协议

实时流协议 (RTSP) 用于控制多媒体流的传输, 其地位相当于传统 Web 技术中的 HTTP 协议。它能够实现 VCR 控制的所有功能, 能对流媒体服务器实施网络远程控制, 允许用户对数据流进行开始、停止、播放、快进或快退等操作, 同时支持从媒体服务器检索媒体、邀请媒体服务器参加会议和将媒体加入现有演播等操作[13]。

RTSP 建立并控制一个或几个时间同步的连续流媒体, 如音频和视频。尽管连续媒体流与控制流交叉是可能的, RTSP 本身并不发送连续流。换言之, RTSP 充当多媒体服务器的网络远程控制。RTSP 提供了一个可扩展框架, 来实现实时数据 (如音频与视频) 的受控与按需传送。数据源包括实况数据与存储的剪辑。RTSP 用于控制多个数据发送会话, 提供了选择发送通道 (如 UDP、组播 UDP 与 TCP 等) 的方式, 并提供了选择基于 RTP 的发送机制的方法。

目前还没有 RTSP 连接的概念, 服务器维护由识别符标识的会话。RTSP 会话不会绑定到传输层连接, 如 TCP。在 RTSP 会话期间, RTSP 客户端可打开或关闭多个对服务器的可靠传输连接以发出 RTSP 请求。它也可选择使用无连接传输协议，如 UDP。

RTSP 控制的流可能用到 RTP，但 RTSP 操作并不依赖用于传输连续媒体的传输机制。RTSP 在语法和操作上与 HTTP/1.1 类似，因此 HTTP 的扩展机制在多数情况下可加入 RTSP。然而，在以下一些重要方面 RTSP 仍不同于 HTTP：

(1) RTSP 引入了大量新方法并具有一个不同的协议标识符；

(2) 在大多数情况下，RTSP 服务器需要保持缺省状态，与 HTTP 的无状态相对；

(3) RTSP 中客户端和服务器都可以发出请求；

(4) 多数情况下，数据由不同的协议传输；

(5) RTSP 使用 ISO 10646(UTF-8) 而非 ISO 8859-1，与当前的国际标准 HTML 相一致；

(6) URI 请求总是包含绝对 URI。为了与过去的错误相互兼容，HTTP/1.1 只在请求过程中传送绝对路径并将主机名置于另外的头字段。

目前已有 50 多家著名的软硬件厂商宣布支持 RTSP。该协议支持以下操作。

(1) 从媒体服务器回取数据：客户机可以通过 HTTP 或其他方法请求一个表示 (presentation) 描述。如果表示是多点广播 (multi-cast) 的，则表示描述包含用于该连续媒体流的多点广播地址和端口 (port)；如果表示是点对点 (unicast) 的，客户机将由于安全原因提供目的地址。

(2) 邀请媒体服务器加入会议 (conference)：一个媒体服务器可以被邀请加入一个已存在的会议，或者在表示中回放媒体，或者在表示中录制全部媒体或其一个子集。这种模式对于分布式教学非常适合。参加会议的几方可以轮流 "按下远程控制按钮"。

(3) 在一个已存在的表示中加入新的媒体流：特别对于现场表示，如果服务器可以通知客户机新加入的可利用媒体流将是非常有用的。

RTSP 的工作过程如下：客户机在向视频服务器请求视频服务之前，首先通过 HTTP 协议从 Web 服务器获取所请求视频服务的表示描述文件，利用该文件提供的信息定位视频服务地址 (包括视频服务器地址和端口号) 及视频服务的编码方式等信息。然后，客户机根据上述信息向视频服务器请求初始化视频服务。视频服务初始化完毕，视频服务器为该客户建立一个新的视频服务流，用户可以对该流进行各种 VCR 控制，如播放、停止、快进、快倒等。当服务完毕后，客户端提出拆线请求，服务器拆除该视频会话流，视频服务结束。

在 RTSP 中，每个表示及与之对应的媒体流都由一个 RTSP URL(uniform resource locator，统一资源定位符) 标识。整个表示及媒体特性都在一个表示描述文件 (presentation description file) 中定义，该文件可能包括媒体编码方式、语言、RTSP URL、目标地址、端口及其他参数。用户在向服务器请求某个连续媒体服务之前，必须首先从服务器获得该媒体流的表示描述文件以得到必需的参数。表示描述文件的获取可采用 HTTP、email 或其他方法。

RTSP 中所有的操作都是通过服务器和客户方的消息应答来完成的，消息包括请求和应答两类。

RTSP 请求消息的格式如下：

RTSP message=Method SP Request—URL SP RTSP—Version CRLF

<Message Header>

CRLF

<Message Body>

其中，Method 是请求命令，Request—URL 是请求的媒体资源地址，RTSP—Version 是协议版本号，<Message Header> 表示消息头，<Message Body> 表示消息内容。常见的 RTSP 请求命令包括：DESCRIBE、SETUP、GET PARAMETER、SET PARAMETER、OPTIONS、REDIRECT、PLAY、PAUSE、TEARDOWN 等。

RTSP 应答消息的格式如下：

RTSP message=RTSP—Version SP Status—Code SP Reason—Phrase CRLF

<Message Header>

CRLF

<Message Body>

其中，Status—Code 是 3 位状态码，用于回应请求时表示主机状态，Reason—Phrase 是与状态码对应的文本解释。

1. RTSP 的实现

RTSP 在流媒体传送过程中，在用户与发送端创建通信连接，但并不能预料当前的网络状况。因此，必须结合其他协议，如 TCP/UDP 和 RTP 在 RTSP 原有的基础上进行改进，以下是 RTSP 具体实现流程，如图 2.3 所示。

1) 初始化

双方建立通信线路之前，客户端向服务器端传送请求，发送端将测试分组包发送给用户。初始化主要为了获取客户端与服务器端的网络参数，预估传输过程中的网络状态，并选择相应的传输协议。

2) TCP 传输

在 TCP 协议检测过程中，如果用户反映较好，丢包较少，视频流在既定时间内传送到客户端，可以认定传输过程中网络状况良好。

3) UDP 传输

如果在 TCP 测试过程中，客户端反馈问题较多，网络状况不好，应当切换为 UDP 协议，采取 UDP 协议发送测试包。当丢包率处于较低水平时，认为客户端网络状况良好，服务器端可以发送高码率流媒体文件；否则，可以认定测试失败，由于受限于网络状况，只能发送低码率流媒体文件。

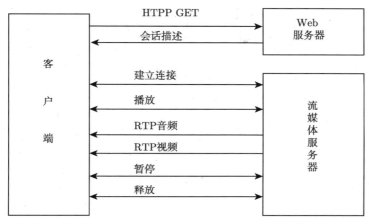

图 2.3 RTSP 实现流程图

2. RTSP 的特点

RTSP 具有如下特点：

(1) 可扩展性，可以轻易地加入新参数和方法；

(2) 易解析，RTSP 文件采用标准 HTTP 或者 MIME 解析；

(3) 安全性，RTSP 采用网页安全机制，还可以采用运输层或者网络层安全机制；

(4) 独立传输，RTSP 的传输通道不依赖可靠的 TCP，可以使用 UDP；

(5) 分布式部署，媒体流可以来自于多个不同服务器，媒体同步在传输层并发执行；

(6) 传输协商，客户端可以协调传输方法，保证在传输过程中可以连续实时播放。

3. RTSP 与 RTP

RTSP 能够依赖于 RTP 传输信息流，还能选取 TCP、UDP、组播 UDP 等通信链路来传送数据，具备良好的扩张性。

RTSP 与 RTP 最大的区别在于，RTSP 是一种双向实时数据传输机制，用户可以向发送端传送请求，如快进、回看、撤退等服务。

在 TCP/IP 协议栈中，RTSP 协议和其他协议之间的联系如图 2.4 所示，图中给出了流媒体传输各层协议栈。

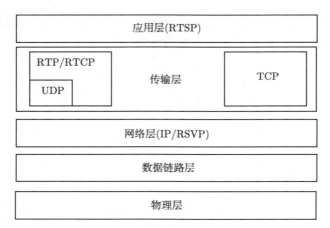

图 2.4   流媒体传输各层协议栈

2.2.4   资源预留协议

资源预留协议 (RSVP) 由 IETF(国际互联网工程任务组) 于 RFC 2205 中定义, 在 RFC 2750 中更新。RSVP 处于传输层, 其功能是在非连接的 IP 上实现带宽预留, 满足应用程序向网络请求一定的服务质量。从高层来看, 实时应用包括两个阶段: 在第一个阶段, 应用程序采用 RSVP 在发送方到接收方之间某条路径上的路由器中保留一定的资源; 在第二个阶段, 应用程序利用这些保留的资源通过同样的路径发送实时业务流量。

RSVP 允许主机在网络上请求特殊服务质量用于特殊应用程序数据流的传输。路由器也使用 RSVP 发送服务质量 (QoS) 请求给所有节点 (沿着流路径), 并建立和维持这种状态以提供请求服务。通常 RSVP 请求将会引起每个节点数据路径上的资源预留。

RSVP 只在单方向上进行资源请求, 因此, 尽管是相同的应用程序, 同时可能既担当发送者也担当接收者, 但 RSVP 对发送者与接收者在逻辑上是有区别的。RSVP 运行在 IPv4 或 IPv6 上层, 占据协议栈中传输协议的空间。RSVP 不传输应用数据, 但支持因特网控制协议, 如 ICMP、IGMP 或者路由选择协议。正如路由选择和管理类协议的实施一样, RSVP 的运行也是在后台执行, 而并非在数据转发路径上。

RSVP 本质上并不属于路由选择协议, RSVP 的设计目标是与当前和未来的单播 (unicast) 和组播 (multicast) 路由选择协议同时运行。RSVP 进程参照本地路由选择数据库以获得传送路径。以组播为例, 主机发送 IGMP 信息以加入组播组, 然后沿着组播组传送路径, 发送 RSVP 信息以预留资源。路由选择协议决定数据包转发到何处。RSVP 只考虑根据路由选择所转发的数据包的 QoS。为了有效地适应大型静、动态组成员以及不同机种的接收端需求, 通过 RSVP, 接收端可以请求一个特定的 QoS[RSVP93]。QoS 请求从接收端主机应用程序被传送至本地 RSVP 进程, 然后 RSVP 协议沿着相反的数据路径, 将此请求传送到所有节点 (路由器和主机), 但是只到达接收端数据路径加入组播分配树中时的路由器, 所以, RSVP 预留开销是和接收端的数量成对数关系而非线性关系。

1. RSVP 公共头

RSVP 包由公共头和对象段构成。

RSVP 公共头如图 2.5 所示。

4bit	4bit	8bit	16bit	16bit	8bit	8bit	32bit	1bit	16bit
Version	Flag	Type	Checknum	Length	Reserved	Send TTL	Message ID	MF	Fragment Offset

图 2.5 RSVP 公共头结构

(1) Version: 协议版本号;

(2) Flag: 标志;

(3) Type: 资源请求包类型;

(4) Checknum: RSVP 分组内容基于 TCP/UDP 的校验和;

(5) Length: RSVP 包字节长度;

(6) Send TTL: 发送的数据包的 IP 声明周期;

(7) Message ID: RSVP 下一跳的路由标签;

(8) MF: 字节的最低位;

(9) Fragment Offset: 消息片段中的字节偏移量。

2. RSVP 对象段

RSVP 对象段如图 2.6 所示。

16bit	8bit	8bit	Variable
Length	Class-num	C-Type	Object Contents

图 2.6 RSVP 对象段结构

(1) Length: 对象长度;

(2) Class-num: 对象类型;

(3) C-Type: 分类号中唯一的 C 类型字段;

(4) Object Contents: 长度、类别号、C 类别段默认的信息内容的样式。

3. RSVP 的工作原理

RSVP 协议属于网络控制协议，其任务是通知接收端发送信息，并向传输路径另一端的发送端提出服务质量请求；主机和路由器负责预留资源；接收端通知主机和路由器发送数据流。图 2.7 是 RSVP 协议工作原理流程图。

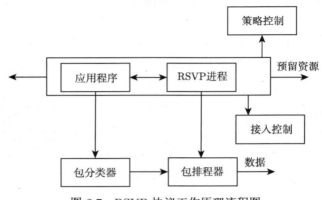

图 2.7　RSVP 协议工作原理流程图

(1) 发送端按照传输带宽的范围、传输延迟和网络抖动向接收端发送流媒体业务；

(2) 接收端根据传输路径向发送端发送一个预留请求信息，信息中含有业务类型和请求类型；

(3) 路由器沿着上一跳路由地址信息接收预留请求信息，证实接收方请求后，开始配置所请求的资源；

(4) 最后一个路由器接收预留资源信息的时候，同时给接收方发送验证信息，如果接收方或者发送方的预留资源信息会话结束，将会断开连接。

4. RSVP 的特点

(1) RSVP 比较简单，申请资源的数据流是单向的；

(2) RSVP 面向接收端，接收端申请资源并负责维护；

(3) RSVP 支持动态调节分配资源，以满足各种特殊要求；

(4) RSVP 具备良好的包容性，对路由提供透明操作，同时支持 IPv4 和 IPv6。

2.2.5　微软媒体服务器协议

微软媒体服务器 (MMS) 协议是微软发布的串流信息传送协议，可以在因特网上实现 Windows Media 服务器中数据流的实时传输与播放，能够访问并接收 asf、wmv 格式的流媒体文件，并通过 Windows Media Player 来实时放映。MMS 位于 TCP/IP 协议栈中的应用层，类似于 RTSP。

MMS 协议底层结合 TCP/UDP 进行数据传输,可以使用协议调整获得当前状况下的最优链接,即当一种协议通信不成功时,自动切换为另一种协议。

由于微软的 MMS 协议没有开源,Windows Media 单播服务通常采用 MMS 协议连接,对于 asf 格式的媒体流,快进、暂停时必须使用 MMS。另外,从单独的 Windows Media Player 连接到发布点,需要设定单播信息的 URL。

2.3 流媒体内容的传播形式

流媒体在因特网上的传输固然非常重要,但是,只有依靠相应的多媒体播放技术,用户最后才能感受到真实的多媒体内容,以下是流媒体的几种播放技术。

2.3.1 单播

单播是指发送端与接收端之间的点对点连接。在用户与媒体服务器之间创建一条独立的通信链路,从一台服务器发送的每个分组只能发送给一个用户机器。单播方式下只有一个发送者和一个接收者。所有客户端需要分别对媒体服务器传送各自的请求查询,而媒体服务器需要向所有客户端传送所申请的数据包备份。如果有很多客户端请求数据包的同一个备份,将会引起服务器端不堪重负,容易引起网络堵塞和时延,如图 2.8 所示[7]。

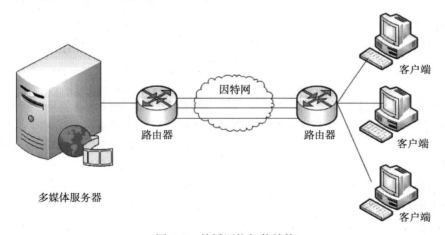

图 2.8　单播网络拓扑结构

单播的优点如下:

(1) 对于每个用户提出的请求,发送端都可以及时响应;

(2) 针对所有用户客户不同的请求,发送端传送不同的分组,可以满足定制应用。

单播的缺点如下：

(1) 发送端向每个用户传送数据流，当用户数量巨大，流媒体服务器负担沉重，影响服务质量；

(2) 当前的网络布局采用金字塔结构，如果全部使用单播方式，主干网络容易崩溃。

2.3.2　广播

广播是指服务器端向用户单方向的媒体传送方式，用户只能接收传送过来的媒体流。在广播过程中，用户只能接收媒体流，却不能操纵媒体流。数据包只有唯一一份，但被备份多份分别传送给互联网中的所有用户，而不在乎用户是否真的需要。因此，广播方式极其浪费服务器和互联网资源，故经常结合组播技术使用[8,9]。

广播的优点如下：

(1) 网络设施简单，维护成本低廉；

(2) 服务器没有必要向每个客户独自发送媒体流，因此服务器负担很低，不受宽带流量等因素制约。

广播的缺点如下：

(1) 针对每个用户的具体要求和时间，不能及时提供私人差异化服务；

(2) 在媒体流传输过程中，发送端提供数据的带宽有限，不能超过客户端可以接收的最大带宽；

(3) 在因特网宽带中，广播是被禁止传输的。

2.3.3　组播

组播是一种分组广播的数据传送形式，依赖于互联网硬件设备的广泛应用。组播方式容许路由器一次将分组包复制到多条线路上，发送端不用发送多个文件包，只需要发送一个；同一文件包被全部发出请求的客户端共同享有。这样，一台服务器可以向几万台用户机器在同一时刻传送持续的数据流而没有延迟。因此，组播方式非常适合网络传输多媒体内容，可以节省大量网络带宽，提高网络利用效率，如图 2.9 所示。

组播的优点如下：

(1) 如果客户端请求的数据包相同，那么可以共享同一条数据流，这样可以节省服务器的负载；

(2) 因为组播是按照接客户端的请求对数据流进行拷贝存储并发送，所以发送端的带宽不受用户网络带宽的约束。

组播的缺点如下：

(1) 和单播方式相比, 组播方式没有纠错机制, 若丢包或者错包则很难恢复, 不过可以采用一定的容错机制和服务质量来补偿;

(2) 虽然当前网络都可以实现组播, 但在客户认证、QoS 和网络安全性方面还有待完善。

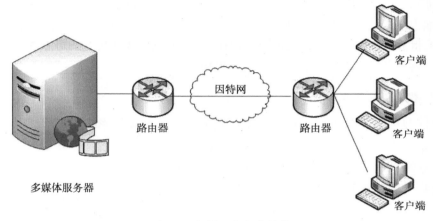

图 2.9 组播网络拓扑结构

2.3.4 点播

点播 (on demand) 是客户端与服务器之间的主动连接。在点播连接的过程中, 客户端先要选取配置信息, 以此来初始化用户的传输连接, 一个媒体流传送给一个客户端, 同时独自占有当前这个连接而不受其他客户的干扰。客户端可以开始、停止、撤退、快进或停止流, 拥有绝对的控制权。点播连接供给了对数据包的绝对控制, 但每个用户都连接至服务器, 发送端给每个用户建立连接, 却会快速透支网络资源。

2.3.5 智能流技术

随着因特网的普及和硬件设备的日新月异, 各种互联网接入方式层出不穷, 如调制解调器、Cable Modem、ADSL、Wi-Fi 等, 还有目前最新的 Lift。可是, 接入方式机制的不同导致了不同的接入速度, 而这又直接影响到客户端得到的多媒体内容作品的质量和使用感受。而智能流的出现, 通过协调宽带和瘦化媒体流, 在很大程度上屏蔽了底层接入方式的不同[14]。

1. 智能流技术的概念

由于不同的软件设备传输数据速度是不同的, 客户端浏览视频音频互联网媒体内容时带宽也是不一样的。为尽可能达到用户的服务请求, Progressive Networks

公司记载不同速度下的媒体数据,通过一定的加密解密算法机制,然后存放在唯一的文件中,此文件称为智能流文件,即可扩展流式文件。

首先,用户向发送端请求服务,给服务器传输带宽容量,媒体服务器会为用户按照当前的宽带传输对应的智能流文件。因此,用户将可以享受理想状态下最可能的优质传输;与此同时,制作人员只用压缩一次,管理员也只用维护唯一文件,而发送端也会自动调整当前宽带的传送速率。为了传送高质量信息流,智能流通过描述真实世界互联网上动态改变的网络特征,以此来确保视频传输的可靠性,并为解决混合连接环境的内容授权开辟了新的思路。

2. 智能流的实现方式

(1) 只创建一个文件,不受所有连接速率和外在环境的影响;

(2) 以不同速率在混合环境下传送媒体;

(3) 随着网络变化自动调整传输速率;

(4) 关键帧优先,声音比部分帧数据重要。

3. 智能流技术的特点

(1) 不管接入方式的速度是否相同,其编码都会存放在同一个媒体文件或者分组流中;

(2) 放映的时候,发送端会根据当前的网络带宽调整传输速度,供应合适比特率的媒体流;

(3) 支持向后兼容老版本 Real Player。

2.4   流媒体技术的发展现状

1. 缓存机制

与传统的下载方式相比,虽然流式传输对于系统存储空间的要求要少很多,但它的实现仍然必须采用缓存机制。这是由于网络统计时分复用是以分组包传送为最小单位的,媒体数据流在传送途中被解析为许多分组,在网络内部无连接传输。

网络时刻都在动态变化着,每个分组都在随机选择不同的路由,这就导致到达客户端机器的路径和时间点不尽相同,会出现延迟或出现后发先至的情况。为了弥补这些问题,确保用户能够正确接收多媒体分组包,保证客户端能够实时连续播放多媒体作品,必须使用缓存机制来弥补网络延迟和抖动带来的不利影响,不会出现因为网络拥塞和时延而造成的播放间歇性卡顿、停滞或者缓冲而造成的播放质量下降[5]。

因此，流媒体传输需要在客户端建立缓存，如同为了匹配 CPU 与内存之间的速度差异需要在 CPU 上开辟一块区域建立高速缓存 Cache 一样。尽管声音或影像等流数据容量大，但是放映时信息流的缓存比较小。一般的高速缓存 (Cache) 不需要很大的存储容量，具有空间局部性和时间局部性，只需要缓存附近很少的一个片段，而不是存储所有的动画与视频音频信息内容。其原因是 Cache 采取回环链表的数据结构，会不断地抛弃播放完毕的信息，能够不断地重新利用清理出的高速缓存空间来缓存后面的多媒体数据流信息。与此同时，客户端流媒体播放器可以读取以前的缓存数据，可以有效地解决网络中的短暂拥塞和时延。流媒体传输采取缓存机制的网络拓扑结构如图 2.10 所示。

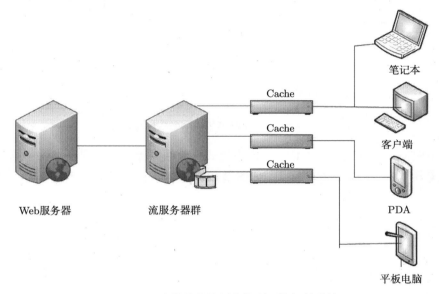

图 2.10　流媒体传输缓存机制网络拓扑结构

2. 编码标准

MPEG(动态图像专家组) 标准创建于 1988 年，如今已经成为 ISO 指定并发布的声音与影像的压缩标准。为了适应时代的发展和技术的进步，MPEG 组织先后制定了 MPEG-1、MPEG-2 和 MPEG-4 标准，以分别适应不同宽带和数字影像质量的要求[15]。

MPEG-4，即低速率视听编码标准，适合低比特率下的多媒体数字通信，已经成为当前公认的流媒体压缩编码标准。与 MPEG-1 和 MPEG-2 标准相比，MPEG-4 标准在低比特率下流媒体传输中具备许多优点，可以获得较高的压缩比，保证高质量的流媒体信息流传送和放映。

　　MPEG-4 标准是根据内容来压缩的，内容的概念是 MPEG-4 视频标准的核心，在 MPEG-1 和 MPEG-2 的基础上实现了革命性的跨越和改进，集强大的交互性、高编码率、高质量传送、可存储通用性、鲁棒性和可扩展性于一体，成为高质量流媒体视频传输方式的首选。图 2.11 所示为 MPEG-4 流媒体传输端到端的网络拓扑结构。

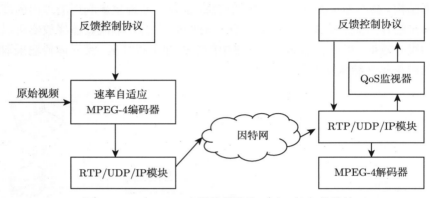

图 2.11　MPEG-4 流媒体传输端到端网络拓扑结构

　　MPEG-4 标准在 RTP/UDP/IP 中流式传输数据流，从上到下可以分成三层，依次是压缩层、同步层和传输层，如图 2.12 所示。

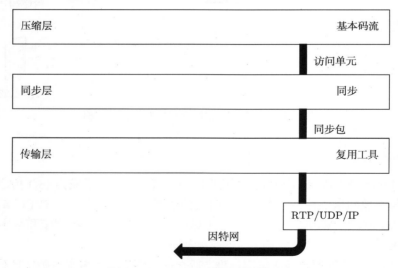

图 2.12　MPEG-4 数据流传输流程

　　(1) 压缩层对视频、音频信息进行压缩编码，对产生的基本码流和二进制进行初始化；

(2) 同步层将访问单元封装进同步包，同步包头按照码流的传输请求提供持续性检测方法，防止数据被丢弃；

(3) 传输层的主要任务是传输流媒体集成框架，通过最底层的复用，保证数据可以通过通信媒介的传输。

MPEG-4 标准的特点主要有以下五点：

(1) 采取不同的编码方式来处理不同类型的信息流对象，以此来提高压缩效率；

(2) 各个视频对象相对独立，实现内容信息的可复用；

(3) 提供强大的交互机制，允许用户操作单个对象；

(4) 为不同的视频对象灵活制定码率，在低码率下效果很好；

(5) 集成自然声音信息与合成影像信息非常方便。

3. 合适的传输协议

采用 streaming 流式传送媒体信息时，必须采取适宜的传输协议。TCP 提供端到端的可靠传输，但是负载开销较高，连接传输之前必须建立可靠连接，导致效率低下，所以并不适合流媒体的实时连续传输和播放。

在真实的流式传送方式中，HTTP/TCP 通常用来传送控制信息，而实时的音视频数据流则是用 RTP/UDP 来传送的，效率更高，其协议栈如图 2.13 所示。

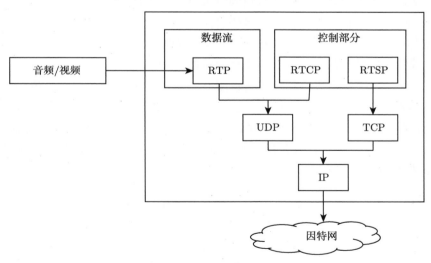

图 2.13　流媒体传输协议栈

4. 流媒体传输过程

作为网络流信息传送的媒体样式，流媒体是一项综合性的互联网传播方式，包括多媒体信息采集、多媒体数据压缩、多媒体数据存储和多媒体数据传输,还需要将多媒体信息内容通过互联网以流的形式传送给用户,其系统架构如图 2.14 所示。

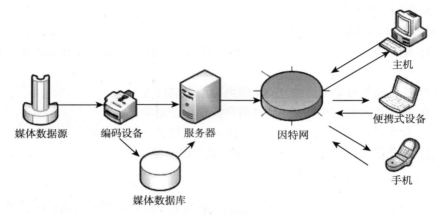

图 2.14　流媒体系统架构图

流媒体传输的一般过程如下。

(1) 客户端选择流媒体应用,网络服务器和浏览器使用 HTTP/TCP 换取控制信息,从最初的流媒体数据包中查找到请求传送的实时数据流。

(2) 网页浏览器启动视频媒体播放器,使用 HTTP 从网页服务器搜索到关联的流媒体视频音频配置信息,用来初始化客户端视频音频程序,配置信息包含索引信息、视频音频数据的压缩格式与媒体服务器 URL。

(3) 客户端媒体播放器和流式传输服务器通过 RTSP 协议来调节流媒体信息内容的放映、快进、倒退、停止等功能,TCP/UDP 协议传送控制信息。

(4) 流式传输服务器把流媒体视频音频数据传送给用户的流媒体播放器,主要是通过 RTP/UDP 协议,只要视频音频信息流到达用户,用户端的流媒体播放器即可放映输出,其流程图如图 2.15 所示。

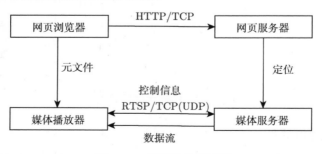

图 2.15　流媒体传输过程

目前，采用流媒体技术的音视频文件主要有三大主流格式。

1) 微软公司的 ASF

微软公司将 ASF(advanced stream format) 定义为同步媒体的统一容器文件格式，这类文件的后缀是.asf 和.wmv。ASF 是一种数据格式，音频、视频、图像以及控制命令脚本等多媒体信息通过这种格式以网络数据包的形式传输，实现流式多媒体内容发布。ASF 最大的优点就是体积小，因此适合网络传输，使用微软公司的最新媒体播放器 microsoft windows media player 可以直接播放该格式的文件。用户可以将图形、声音和动画数据组合成一个 ASF 格式的文件，当然也可以将其他格式的视频和音频转换为 ASF 格式，而且用户还可以通过声卡和视频捕获卡将麦克风、录像机等外设的数据保存为 ASF 格式。另外，ASF 格式的视频中可以带有命令代码，用户指定在到达视频或音频的某个时间后触发某个事件或操作。

ASF 文件逻辑上是由三个高层对象组成：头对象 (header object)、数据对象 (data object) 和索引对象 (index object)，如图 2.16 所示。头对象是必需的，并且必须放在每一个 ASF 文件的开头部分；数据对象也是必需的，且一般情况下紧跟在头对象之后；索引对象是可选的，但是一般推荐使用。头对象记载了 ASF 文件的各种信息，如文件长度和编/解码方案等。数据对象存放的是真实的媒体数据，ASF 的数据对象由若干个定长的数据包 (packet) 组成，媒体数据存放在一个个独立的数据包内。数据包是基于时间的，如一个 ASF 文件将播放 5s，则媒体数据可能

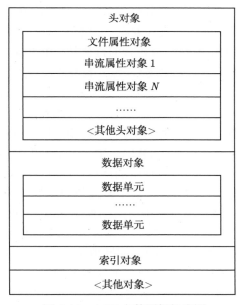

图 2.16   ASF 文件逻辑组成图

包含在 50 个数据包中，每个数据包持续 100ms。每个包含若干个负荷 (payload)，分属各个媒体流，通常一个文件包含一个音频流和若干个视频流，所以数据包内媒体数据是交织的。索引对象为可选项。每个索引项按照固定的时间间隔给出媒体数据在文件中的字节偏移量，索引项主要用来实现电影播放时的拖放功能。

2) Real Networks 公司的 Real Media

Real Media 包括 Real Audio、Real Video 和 Real Flash 三类文件，其中 Real Audio 用来传输接近 CD 音质的音频数据，Real Video 用来传输不间断的视频数据，Real Flash 则是 Real Networks 公司与 Macromedia 公司联合推出的一种高压缩比的动画格式，这类文件的后缀是.rm，文件对应的播放器是 "RealPlayer"。

3) 苹果公司的 QuickTime

这类文件扩展名通常是.mov，它所对应的播放器是 QuickTime。它由 QuickTime 电影文件格式、QuickTime 内置媒体服务系统和 QuickTime 媒体抽象层组成。它支持各种各样的静态图像文件；内置 Web 插件 (plug-in) 技术支持 IETF(Internet engineering task force) 流标准以及 RTP、RTSP、SDP、FTP 和 HTTP 等网络协议；支持多种视频和动画格式，但是应用较少。

2.5　本章小结

本章主要讨论了流媒体和流媒体技术各方面概况。流媒体技术就是把连续的影像和声音信息经过特殊的压缩方式分成一个个压缩包，由视/音频服务器向用户计算机连续、实时地传送。流媒体最显著的特征是 "边下载、边播放"。

流式传输是流媒体实现的关键技术。流式传输定义很广泛，现在主要指通过网络传送媒体 (如视频、音频) 的技术总称。其特定含义为通过因特网将影视节目传送到个人用户。要实现流式传输有两种方式：顺序流式传输和实时流式传输。

流媒体常见的传播形式有单播、组播、广播和点播几种形式。

流媒体传输的几种协议包括 RTP/RTCP、RSVP 和 RTSP。RTP 是在 IP 互联网上传输数字音频或视频信号所使用的协议。该协议可基于多播或单播网络提供端到端的实时数据传输，是用来解决实时通信问题的一种技术方案。RTCP 是 RTP 的伴生协议，它提供传输过程中所需的控制功能。RTCP 允许发送方和接收方互相传输一系列报告，这些报告包含有关正在传输的数据以及网络性能的额外信息，RTCP 就是依靠这种成员之间周期性地传输控制分组来实现控制监测功能的。RSVP 可以帮助接收方向支持该协议的路由器预留出必要的网络资源，以满足实时传输多媒体数据流所需的带宽。RTSP 是一个应用层协议，用于控制多媒体实时性数据在 IP 网络上的发送。

参 考 文 献

[1] 哈渭涛. 一种流媒体代理缓存服务器的研究与实现 [D]. 西安：西安电子科技大学, 2008.

[2] 张丽. 流媒体技术大全 [M]. 北京：中国青年出版社, 2011.

[3] Wu D, Hou Y T, Zhu W, et al. Streaming video over the Internet: approaches and directions[J]. IEEE Transactions on Circuits and Systems for Video Technology, 2001, 11 (3): 282-300.

[4] 哈渭涛. 一种流媒体代理缓存系统的研究与实现 [J]. 科学技术与工程, 2009, (1): 164-167.

[5] 哈渭涛. 基于通信量控制的流媒体视频点播系统的设计与研究 [J]. 渭南师范学院学报, 2009, (5): 50-52.

[6] HA W T. Transactional automaton-driven web services selection[J]. Journal of Computers, 2013, 8(2): 290-294.

[7] 秦尚. 宽带网应用的新技术 —— 流媒体 [J]. 电信技术, 2002, (7): 14-16.

[8] 赵亮. 流媒体服务集群系统关键技术研究 [D]. 西安：西安电子科技大学, 2009.

[9] 陈广东. 流媒体服务器集群负载均衡算法研究 [D]. 武汉：华中师范大学, 2006.

[10] 硕珺. PC 集群负载均衡调度策略研究 [D]. 北京：中国石油大学, 2010.

[11] RTP: A transport protocol for real-time applications: IETF RFC 3550: 2003[S/OL]. [2003-07-14]. https://tools.ietf.org/html/rfc3550.

[12] 张丽. 流媒体技术大全 [M]. 北京：中国青年出版社, 2001.

[13] Real time streaming protocol (RTSP): IETF RFC 2326: 1998 [S/OL]. [1998-04-24]. https://tools.ietf.org/html/rfc2326.

[14] 彭蓉蓉, 哈渭涛. 利用 Java 在视频会议系统中解决语音数据传输问题 [J]. 科技信息, 2012, (18): 44-47.

[15] 李凡, 朱光喜. 多媒体编码新标准——MEPG-4[J]. 计算机与数字工程, 2001, 29(3): 10-13.

第 3 章　　流媒体代理缓存技术

多媒体代理服务器是流媒体研究领域中的重要课题。随着流媒体技术近年来在因特网和无线网络环境中的高速发展，研究人员对多媒体代理服务器的研究也逐步深入。

3.1　　网络缓存机制

3.1.1　客户端缓存

互联网上的客户几乎都拥有自己的客户端缓存，所谓客户端缓存指缓存数据所使用的空间来自于客户端本身，用户可以通过浏览器菜单设置本身缓存的大小。用户首次访问某个站点时，所访问的数据一方面通过浏览器响应给用户，另一方面就保存在客户端缓存中。当用户在一次访问该站点时，首先在客户端缓存中进行查找，如果客户端缓存中存有相应的副本，则无需访问站点服务器，数据直接来源于客户端缓存中所存储的内容，省掉了数据在网络上的传输过程，无疑加速了客户端的访问速度。只有当客户端中没有所需数据或所存储数据已经过时，才去访问该站点服务器。

客户端存储解决了一部分网络数据的缓存问题，但是客户端缓存也有着相应的缺点：一是由于客户端资源的有限性，每一个客户端所能够缓存的数据是非常有限的，客户端不可能去缓存用户所访问过的全部站点的所有数据；二是由于客户端缓存是出现在每一个客户端本身，那么就会出现多个客户端缓存同一站点数据的现象，造成大量的数据冗余，而且每一个客户端所缓存的数据是不能实现共享的，这也加剧了数据冗余。

3.1.2　服务器端缓存

服务器端缓存顾名思义是出现在服务器端的缓存技术，将缓存设置在服务器端主要不是为了提高访问网页的命中率，而是为了提高服务器的响应时间，响应时间可以提高 50%～80%。过去具有 10s 响应时间的站点现在可以在 2～5s 提交网页；站点可以利用现有基础设施处理 2~3 倍的点击量；不仅更多的客户可以观看到更多的网页并进行更多的交易，而且降低了站点的投资和运营费用，缓存减少了处理某种负载所需的服务器数量；此外缓存设备比具有复杂操作系统的服务器更易于安装和维护。

3.1.3 代理缓存

随着互联网技术的发展，互联网用户急剧增加，大量的用户对带宽提出了更高的要求。这些要求不管是对高校、住宅小区、企事业单位还是互联网服务提供商 (ISP) 都意味着大量金钱的花费，而用户的数据请求又可能造成不可估量的延迟，使得用户对互联网的耐心下降。

代理缓存就是在这种情况下产生的，代理缓存的思想其实来源于计算机系统以及网络的其他方面，例如，在 CPU 中就存在着一级、二级缓存，用以弥补 CPU 和内存所存在的速度差异；在存取磁盘数据时，也存在着磁盘缓存。代理缓存在网络中以一个桥梁的形式出现，它尽可能地满足用户的数据传输请求，减少用户直接访问网络服务器的可能性。

代理缓存是在代理服务器上实现的缓存机制。代理服务器出现在客户和服务器之间，客户访问服务器上的数据，访问请求首先被传送给代理服务器，代理服务器在自己的缓存中查找，如果找到并且网页没有过期，则将用户所请求的数据发送给用户；如果没有找到，则代理服务器通过因特网向 Web 服务器发出请求，给出客户端希望访问的网页地址，Web 服务器将该网页内容响应给代理服务器。代理服务器一方面将服务器数据传送客户，一方面将其复制一份存储到缓存中，如果缓存中存在过期的网页，则将数据更新，以便客户下次进行访问。

3.2 流媒体代理缓存

3.2.1 流媒体代理缓存的必要性

与网络缓存机制相类似，流媒体缓存也可以分为客户端缓存、服务器端缓存以及代理缓存。客户端缓存一般由浏览器在本地实现，现在流行的网络浏览器都提供客户端缓存机制，如微软公司的 IE 浏览器、Netscape 公司的 Navigator 和 Communicator 等。它们都可以缓存客户曾经在一段时间访问过的信息，以便客户下一次访问，但是由于流媒体的信息量较大，客户端一般不可能提供如此大的缓存空间，所以此种机制一般比较适用于 Web 页缓存。基于服务器端的缓存用于服务多个用户对同一信息的重复请求，一般通过软件实现，在服务器上建立二级或者三级缓存，当服务器响应客户对于某个流媒体的请求时，将该流媒体在缓存中形成一个副本，当客户对同一流媒体再次提出访问请求时，可以直接以缓存中的副本满足客户请求。由于缓存的访问速度较快，所以可以降低客户的访问延迟。但是这种机制对服务器的要求较高，而且增加了服务器软件的复杂性。代理缓存机制是在服务器和客户端之间建立一个代理服务器 (一般采用靠近客户端的形式)，当客户对某个网站的流文件的请求到达代理服务器时，如果代理服务器存有该流式文件的副本, 则代理服务器就以该流式文件的副本响应用户的需求; 如果代理服务器上没有用户所请求的流式文件的副本, 则代理服务器向流媒体服务器发送客户请求, 并将最终的流式文件传送给用户, 同时在代理服务器上保存该文件的副本, 以便用户下一次的访问[1-3]。

与客户端缓存、服务器端缓存相比较, 采用代理缓存方式是一种相对折中的缓存方式。它既可以提高流式文件的访问速度, 相对服务器端缓存而言也没有过于复杂的管理问题, 因此采用代理缓存是提高流式文件访问速度的一种非常重要的方法。

3.2.2   流媒体代理缓存的原理

如果系统中只有一个流媒体代理服务器, 那么它的工作原理一般如下:

(1) 客户端向流媒体代理服务器发送请求, 并给出所需流式文件的地址;

(2) 流媒体代理服务器接受客户端请求, 并在本地缓存中查找, 如果找到客户端所需流式文件则转向 (5), 否则转向 (3);

(3) 流媒体代理服务器将客户端请求通过网络转发给服务器, 并给出流式文件地址;

(4) 服务器响应请求, 将所需流式文件发给流媒体代理服务器, 流媒体代理服务器将流式文件在自己的缓存中进行备份;

(5) 流媒体代理服务器将客户端所请求的流式文件发送给客户端, 完成整个响应过程。

3.3   流媒体代理缓存的设计目标和性能评价

3.3.1   流媒体代理缓存的设计目标

流媒体的特点使现有的 Web 代理缓存技术不能满足要求, 流媒体代理缓存必须在原有的缓存技术方法的基础上进行改进, 使之能够适合大体积对象流式传输的要求[4]。

对于代理外部来说, 缓存技术要实现以下目标:

(1) 减少客户端与 Web 服务器之间的数据交换。利用流媒体代理服务器可以减少对主干带宽的消耗, 减轻流媒体服务器的负载。利用本地缓存存储一部分媒体数据, 可以减少从服务器请求的数据量, 使用合理的传输方法, 减少到服务器的直接连接数, 从而达到节约主干带宽、减轻服务器负载的目标。

(2) 提高对用户请求的响应速度, 降低客户端启动延迟。利用靠近客户端的流媒体代理服务器可以提高对用户请求的响应速度, 降低客户端启动延迟。采用适当的缓存算法和缓存管理方法，提高用户访问的命中率，提高本地缓存的响应速度，可以快速响应用户的请求。

(3) 客户端访问的透明性。对于客户来说，设置本地代理以后，对所有可得资源的访问就像直接在访问原始服务器，客户感觉不到代理的存在。由于代理缓存的存在，用户的访问速度有所改善，用户看到的是一个健壮、快速的服务器。

对于代理内部来说，主要应该考虑以下几个问题：

(1) 根据不同客户端的访问情况，在代理服务器上能够对所访问的节目情况进行记录，以便对节目作出"冷热"之分。代理服务器应该尽量对"热度"较高的节目进行缓存，尽量少保存"冷节目"，还应该及时淘汰近期内无人访问的节目，以便更好地利用代理服务器有限的存储空间。

(2) 如果系统中有多个代理服务器，那么应该在各个服务器之间进行负载的均衡，及时调整用户的请求，将用户的请求分配到比较空闲的服务器上。在系统的多个服务器之间还应该进行服务内容的共享，以减少访问 Web 服务器的次数，提高节目的访问效率。

(3) 服务器应该具有一定的健壮性，如果一台服务器出现问题，应该有其他的服务器可以进行服务的替换。

3.3.2 流媒体代理缓存的性能评价

任何技术都存在性能评价问题，采用哪些指标作为性能评价的标准是性能评价指标的研究内容。对代理缓存系统而言，主要的性能评价指标有以下几种[5]。

1. 命中率

当用户通过代理服务器访问 Web 服务器时，代理服务器通过查找自己的缓存或直接访问 Web 服务器来提供用户所要访问的资源。如果代理服务器在自己的缓存中找到用户所要访问的资源，则称之为一次命中；反之，如果代理服务器通过直接访问 Web 服务器来提供所要访问的资源，则称之为一次缺失。网页命中率 (hit rate，HR) 按以下公式来计算：

$$HR = \frac{\text{在代理缓存中资源命中的次数}}{\text{用户访问资源的总次数}} \tag{3.1}$$

命中率是评价代理缓存系统性能最主要的指标。代理缓存系统的命中率高，说明直接从代理缓存空间获得资源副本响应的成功率高，从而大大减少代理服务器到 Web 服务器获取网页的次数，降低响应延迟。

2. 访问延迟

访问延迟是从用户发出一个请求开始，到用户接收到该请求的响应为止所经历的时间。代理缓存系统的目标是降低访问延迟。这样，可用访问延迟这个性能指标对代理缓存系统进行评价。代理服务器可能从缓存空间获得资源副本作为响应，也可能将请求转发到 Web 服务器以获得响应，因此，访问延迟应该是这两种情况的平均值。值得一提的是，从发出请求到获得响应的整个过程中都涉及因特网的网络传输，对访问延迟的计算，通常都要考虑网络的传输模型。

3. 空间利用率

空间利用率是评价代理缓存空间的利用情况。代理缓存系统的缓存空间虽然是在辅助存储器上，但同样也存在成本的问题。因为每个代理服务器的存储介质总是有限的，代理服务器面向的是来自于因特网上所有的 Web 服务器，所以，提高缓存空间的利用率意味着代理服务器不必购买更多的存储介质就可以为更多的资源提供代理缓存。然而，现在对代理缓存空间利用率的研究还不够，通常认为它是由命中率决定的。

3.4   常见的流媒体代理缓存调度策略

流媒体在网络中传送时，对于如何节约系统资源，已经取得了较多的研究成果，这些研究成果主要是基于流媒体服务器和客户端请求的，重点的研究集中在流调度算法的研究。常见的流媒体调度算法分为静态调度和动态调度。一般的静态调度算法采用服务器推模式，而动态调度算法则采用客户端拉模式。服务器推模式是指服务器不考虑客户行为而调度流媒体，客户端拉模式则是指首先由客户端产生请求，然后由服务器按照一定的调度算法响应客户请求。

典型的流媒体静态调度算法包括周期广播 (periodical broadcasting) 算法、金字塔 (pyramid) 算法、置换金字塔 (permutation pyramid) 算法、摩天大楼 (skyscraper) 算法等。

周期广播算法是早期 NVoD 系统中的媒体流调度算法，系统将每个节目划分成定长片段 (如 5min)，再通过组播通道循环播放每一段。任意用户进入系统之后，至多等待 5min 就能接收到所需的媒体流；用户接收完当前组播通道的数据之后，再进入其他组播通道接收后续数据。在周期广播算法中，用户的等待时间受到节目片段长度的制约，然而系统资源决定了组播通道数目是有限的，对节目片段的划分不能太小，这样会造成用户平均等待时间较长。

Viswanathan 和 Imielinski 提出金字塔算法，该算法将节目划分为长度逐渐递增的若干片段，然后利用组播通道播放不同片段。在该算法中，给定一个媒体节目，后一片段的长度是前一片段长度的 $a(a > 1)$ 倍。媒体节目的起始片段长度最小，其循环播放的频率也最高，这有利于降低用户启动延迟 (start-up latency)。为支持用户连续收看媒体流，金字塔算法要求用户在任意时刻必须从两个组播通道中接收数据。

常见的流媒体动态调度算法包括成批算法、补丁算法等[6-9]。

成批 (batch) 算法将不同用户的请求绑定于一个组播流中，从而以增加用户等待时间为代价来提高系统资源利用率。Yu 在成批算法的基础上提出前向调度 (forward scheduling) 算法。该算法结合客户端缓冲区和 batch 流实现了暂停和恢复操作。在成批算法的基础上，Li 提出交互流的概念以支持用户 VCR 操作。在其算法中，系统通过创建媒体流响应用户 VCR 操作。这种算法在用户数较小的情况下非常有效，但是对于用户数较多的情况算法效率不高。用户一旦发出 VCR 操作，系统就为该用户单独生成媒体流，随着用户 VCR 操作的增加，系统中的每一个用户最终独占一条流资源，使系统退化为简单的 FCFS 系统。

1997 年，Hua 首次提出了补丁 (patch) 算法。补丁算法结合了成批算法和用户缓存算法的优点。用户利用本地缓存同时接收两条或多条媒体流，实现了无延迟的服务，同时系统尽可能地用组播流合并用户，使系统维持较高的效率。补丁算法的性能明显优于其他动态调度算法，在补丁算法之后提出的动态调度算法均以补丁算法作为基础，这些算法构成补丁算法族。

Gao 提出的 catching and selective catching 算法就是对补丁算法的改进。热门节目的点播用户较多，系统采取补丁流策略提高系统资源利用率；冷门节目的点播用户较少，系统在组播通道中采取服务器推模式循环播放节目。Derek 研究了补丁算法的若干优化问题。传统补丁算法选择最接近的组播流进行合并操作，同时生成补丁流给予补偿，一般而言，补丁流采取单播方式传输给客户。Derek 提出，即使是补丁流也可能成为其他用户合并的对象，系统的优化合并问题被转化为一个生成最短路径树的数学优化问题。受计算复杂性和实时性的限制，上述问题没有最优解，Derek 提出了几种探测型的补丁改进算法：ERMT(earliest reachable merge target)、SRMT(simple reachable merge target) 和 CT(closest target)。

3.5　一种流媒体代理缓存系统的实现

3.5.1　系统构成

随着互联网的发展，用户在使用网络时对网站的浏览速度和效果越加重视，但由于网民数量激增，网络访问路径过长，从而使用户的访问质量受到严重影响。特别是当用户与网站之间的链路被突发的大流量数据拥塞时，对于异地互联网用户急速增加的地区来说，访问质量不良更是一个亟待解决的问题。如何才能让各地的用户都能够进行高质量的访问，并尽量减少由此而产生的费用和网站管理的压力呢？代理服务器因此诞生了。

　　现在网络上大量的数据是以流媒体数据的形式体现的，构建一个流媒体传输环境在现有的网络环境中就变得极为重要，本项目正是在这种需求下产生的。项目所在学院的校园网建于 2005 年，是一个基于千兆带宽的局域网络，并接入因特网。随着网络教学的推广，大量的视频教程出现在网络上，同时由于学生数量的不断扩大，学生也有着日益增长的视频娱乐需求。而该院原有的视频传输环境仅支持下载播放，不能够满足用户在线收看的目的，因此构建一个流媒体实时传输环境就显得极为迫切。项目组于 2006 年开始了校园网络中流媒体传输环境的构建。

　　本书所构建的流媒体传输环境是基于现有网络环境的，整个系统参考 CDN 网络结构，由源流媒体服务器、流媒体代理服务器和终端用户构成。源流媒体服务器作为节目源提供流媒体节目。终端用户为节目观众。从网络环境来看，源流媒体服务器一般处在网络带宽参数比较好的位置，如骨干网络中。终端用户随着位置分布的不同，大部分处在接入网位置。流媒体代理服务器处在骨干网络和接入网络边缘，一般位于接入网络侧。从数据交互看，大部分终端用户仅和流媒体代理服务器 RTSP 信令交互以及媒体数据传输。流媒体代理服务器响应用户请求，同时和源流媒体服务器建立通道，获得媒体数据[10]。从使用软件看，源流媒体服务器可以是 Helix、DNA Server 等媒体服务器。终端用户使用支持 RTSP 的多媒体播放器，如 Real Player 等。流媒体代理服务器为本书设计和实现的代理程序。系统整体示意图如图 3.1 所示。

　　本书的主要内容就是在该院的三个校区搭建相关的流媒体服务器及流媒体代理服务器，并研究流媒体技术的若干关键性问题。

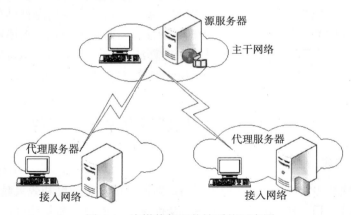

图 3.1　流媒体代理传输系统示意图

3.5.2　所在学院现有校园网的情况

　　作者所在学校现分为南校区、北校区和新校区，新校区作为该院本科生的主要集中地区,而南、北校区主要是专科生和教师住宅区。根据该院现有校园网络的实际情况和不同学生的上网需求,针对三个校区的流媒体传输分别采用了不同的策略。图 3.2 是该学院新校区网络结构简图。

新校区集中了该学院全部的本科生,根据本科生的教学规律和视频需求,在把新校区作为流媒体服务器的设置地点,并在新校区设置流媒体代理服务器,新校区的学生可以通过代理服务器访问流媒体服务器上所存放的媒体数据,其中主要是教师的授课视频和一些娱乐视频。

由于南、北校区响应的流媒体访问请求较少,所以没有在南、北校区设置代理服务器,而是让这些用户直接访问流媒体服务器上所存储的数据。

在搭建流媒体服务器的过程中首先考虑了学生对流媒体数据的需求。由于该学院的多媒体授课开展时间较长,且对多门课程均要求建立教学网站并提供教学视频,再加上学生近年来人数不断增多,对于娱乐性视频的需求也越来越多,因此架设流媒体服务器和代理服务器是非常必要的。

将流媒体服务器放置在中心机房中,由于实验楼是该学院教学机房的主要分布区域,学生宿舍又是学生课余学习的主要环境,因此,面向学生宿舍区和实验楼分别建立了两个流媒体代理服务器。在完成了基本规划之后,开始选择相应的硬件设备。

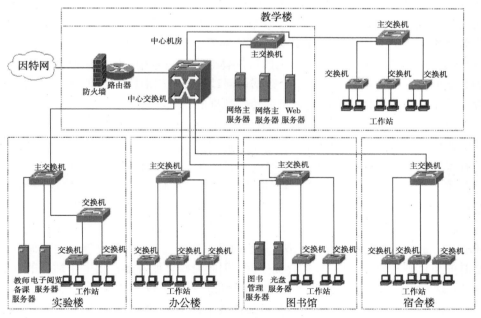

图 3.2 新校区网络结构简图

3.5.3　硬件设备的选择

目前，有不少的硬件服务器厂商推出了"流媒体服务器"的硬件设备，给服务器贴上流媒体的概念来推销自己的硬件产品。流媒体只是一种技术，典型的应用有 VOD 点播、视频直播、视频广播等方面，而目前流媒体技术所涉及的内容是多方面的，包括编码器、客户接收端、网络传输协议。

(1) 编码器有 WMV 系列、DIVX 系列、XVID 系列、MPEG-4 系列、H.264 系列、RM 系列、VP 系列等。

(2) 客户接收端有 Windows Media Player、Real One、QuickTime，以及各专有厂商的播放器。

(3) 网络传输协议有 RTSP、MMS、HTTP、KMS 等。

以上列举的部分还没有形成统一的标准，所以也就不会有流媒体服务器的概念了。"流媒体服务器"只不过是在一台服务器上能够实现流式文件的管理和传输而已，但是为了符合一般情况，下面仍称"流媒体服务器"。

由于流媒体应用对服务器硬件的占用情况比较复杂，因此，选择流媒体服务器需特别关注以下硬件资源。

(1) 处理器。作为流媒体系统的核心设备，流媒体服务器必须具备强大的并发访问处理能力。流媒体服务器向客户端提供的主要服务是根据流媒体数据流的要求周期性地从存储设备上检索和读取数据，并发送到网络接口，因此对于流媒体服务器来说更侧重于数据的 I/O 能力，而对数据的运算处理能力要求并不高。在客户端访问存储在流媒体服务器上的流媒体数据的过程中，由于读取存储设备上的数据而产生的 I/O 延迟，在整个数据访问过程的时间消耗中占据着主要的部分，存储设备成为流媒体服务器向客户端传输数据的瓶颈。

(2) 内存。当 CPU、磁盘和网络 I/O 都不是系统的瓶颈时，添加足够多的 RAM 给流媒体服务器，可以增加同时响应客户端的数量。但由于媒体服务并不使用系统内存来保存文件系统数据，所以增加更多的内存无法解决因磁盘 I/O 问题而产生的瓶颈。对于高可用的媒体服务器，最佳内存配置为 1GB。超过这个数量，投资回报比开始降低。

流媒体的数据量非常大，以通过 Microsoft Media Video V9 算法压缩的适用于 500kbps 带宽的流媒体文件来计算，每小时节目需要 225MB 的存储空间，而 1000 小时的节目则需要近 225GB 的存储空间。因此流媒体服务器需要采用适当的存储系统，既要满足大容量存储要求，又要有很高的数据 I/O 能力。

(3) 网络。为了从每个服务器获得最佳效果，网络连接应该采用专用的交换式以太网段，并考虑使用多网卡，其中一个网卡专门用来向客户端提供流媒体，另一个网卡专门负责远程管理、监视、复制，并从编码服务器获得数据流，以及流的分发，使得当客户网段流量出现饱和时，不会影响到对服务器的远程管理。

(4) 磁盘。由于磁盘输出性能对于流媒体点播是至关重要的因素，所以必须优化磁盘的"读"性能，为此可以采用由高转速、低延迟硬盘组成的阵列系统，增加磁盘阵列控制器上的缓存，提高控制器访问相同数据的性能。

同时，由于流媒体服务器的负载比其他应用服务器更大，因此，流媒体服务器以水平扩展模式为设计原则，由多台服务器来分担网络的负载，避免当仅有一台高端服务器时，因无法分担网络负载而产生瓶颈，消除"单点故障"问题，提高系统的整体可靠性。但是由于经费问题，此方案没有得以实施。

该学院的校园网联网计算机 3000 多台，平均在线约 1000 台，按照 15% 的计算机同时进行视频点播的概率估算，流媒体服务器至少要具有支持 150 个并发流的能力。

流媒体文件一般都是高清晰度的视频文件，平均编码率为 500kbps，按照 75 个并发流来估算，那么流媒体服务器必须要有 80Mbps 以上的网络连接带宽，还要有至少 18.75Mbps 的数据读取速率。

对主机 CPU 处理能力和内存容量需求的估算可依据流媒体服务软件的系统性能开销来计算，如果传输 1Mbps 的数据时需要开销 5MHz CPU 的处理能力，每 1kbps 数据流需要占用 6KB 的内存，那么对支持 150 个并发流的服务器来说，流媒体服务软件至少需要 700MHz 的 CPU 开销和 0.45GB 的内存开销。

流媒体服务器中存储的课件、电影等各种视频文件数量很大，按照 2000 个文件来估算，平均每个文件的编码率为 500kbps，播放时间为 1.5h，那么将需要 1TB 的存储空间。考虑到文件系统本身的开销和系统容错，实际的容量需求会更多。大容量的数据存储系统是基本的要求，更需要系统具有良好的容错性能，并具有足够的稳定性，在发生部分数据错误时，系统可以在线恢复和重建数据，而不至于影响系统的正常运行。

考虑校园网用户的系统环境，绝大多数个人计算机都使用 Windows 操作系统，并已预装了 Windows Media Player 媒体播放器。为降低用户操作的复杂性，要求流媒体服务软件必须支持微软的 WMA、WMV 流媒体格式。但是在后续的工作中，需要用户安装 Real Player 播放器，原因见后续内容。

为使网络教学、网络电视直播、会议直播等流媒体应用能够实现，要求流媒体服务软件必须支持组播内容发送，并且支持 IGMP V3 组播协议。

流媒体服务器应该与多种媒体播放器兼容，所以必须支持 MMS、HTTP、RTSP 等多种控制协议。支持点播和广播两种内容发送方式，支持多种访问控制。

针对以上的应用需求，服务器需要配置双路以上至强处理器，2.8GHz 主频，内存至少 4GB，并支持 ECC, 4 块以上 SCSI 硬盘，可做 RAID5，硬盘转速 15000 转以上，2 块千兆网卡 (支持捆绑)。

根据以上的要求，选择的服务器为 HP ProLiant DL380 G3 工业标准服务器。HP ProLiant DL380 G3 是全新的 2U 高机柜式服务器，支持双路处理器，采用目前最新的设备和技术，包括 Intel Xeon 处理器、Server Works GC-LE 芯片组、PCI-X 扩展槽、两个集成的 NC7781 千兆以太网卡、Smart Array 5i+ 阵列卡，以及可以为阵列卡选装的带有电池保护功能的高速缓存，并随机带有集成的 Lights-Out(iLO) 远程管理功能，提供了强大的管理功能并可极大地节省空间。另外，其 512MB PC2100 DDR SDRAM 和 400MHz GTL 总线提供杰出的性能；对等 PCI 总线结构、64 位 PCI-X 槽位和集成的 Smart Array 5i+ 控制器提供附加的性能和可用性；高度可用的机箱现在可以安装 6 块热插拔硬盘以及其他设备，使用户可以放心地使用硬盘和备份设备，不用进行任何功能分配和协调高级系统管理功能，即可满足 Web 主机邮件、文件/打印或小数据库应用的需求。

3.5.4   软件系统的选择

在完成服务器硬件的选择之后，选择了 Linux 作为服务器上运行的操作系统，这主要是因为传输流媒体采用的协议是 RTSP，它是由 Real Networks 和 Netscape 共同提出的，现在用于 Real Networks 的 Real Media 产品中。而对 Real Media 产品支持比较好的流媒体服务器软件是 Helix Server，而 Helix Server 运行最稳定的操作系统正是 Linux。

完成了服务器操作系统的安装之后，安装了流媒体服务器软件 Helix Server。在 Helix Server 中完成了对于相关的一些项目包括管理员、相应端口号等的设置，完成之后启动 Helix Server 管理页面，对相关的选项进行设置，如图 3.3 所示。

图 3.3   Helix 管理页面

在完成了流媒体服务器的搭建之后，为了缓解服务器的压力，在新校区中架设了两台流媒体代理服务器：一台面向教学区，另外一台面向学生区。

由于流媒体代理服务器主要是完成从服务器向客户端的数据的转发，因此考虑流媒体代理服务器对于存储的要求是第一位的，所以采用了联想万全 T100 机器，该机器采用奔腾 4CPU，频率为 3200MHz，内存为 1GB 的 DDRII，硬盘为 SATA160GB，并且集成 2 口 SATA300 控制器、集成单通道 ATA100 控制器，以及集成一个 Intel 千兆自适应网卡。

在流媒体代理服务器上运行的操作系统仍然是 Linux，客户端播放软件采用的是 Real 播放器。现在网络上有不少的流媒体代理软件，但是这些软件的功能对于该学院并不是十分适合。例如，在该学院学生上网浏览视频的时间相对比较集中，在此时就可以采用后续介绍的补丁算法来提高媒体的访问效率和网络的传输效率，但是现在采用补丁算法的代理软件很少，这对于带宽资源而言就是一种浪费，因此作者所在课题组决定自己完成代理服务器的软件编写工作。

本章主要研究的是在流式数据传输过程中的缓存实现，对于建设流媒体服务器过程中的其他问题不作详细阐述，特此说明。

本书设计的流媒体代理服务器模块框图如图 3.4 所示，其中各个模块所完成的具体功能如下：

(1) 连接控制模块用于监听用户请求，进行连接管理。

(2) 信令处理模块负责处理 RTSP 信令，包括响应用户的 RTSP 请求、向源服务器发起 RTSP 请求等功能。

(3) 节目管理模块是整个系统的中枢。它完成对请求节目的查询、对热点节目的标识和动态调整、与源服务器节目同步等功能。流媒体数据的缓存和传输都与用户请求是否在代理服务器上命中密切相关。

(4) 流媒体数据的传输在传输模块中完成，主要功能包括 RTP 和 RTCP 连接的建立和管理、对媒体的 RTP 封装传输。

(5) 缓存管理模块负责代理服务器上媒体数据的缓存，不同节目的缓存策略不同。数据传输模块、缓存管理模块还和信令处理模块一起与源流媒体服务器进行交互。

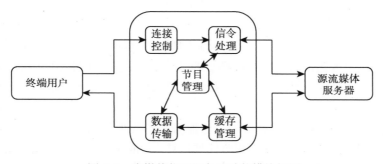

图 3.4 流媒体代理服务器功能模块框图

本书对于流媒体代理的基本思想是: 对于不同的流式节目, 按照普及度的不同划分为普通节目和热门节目: 对于普通节目, 采用前缀缓存+补丁算法的策略进行调度; 而对于热门节目, 则在代理服务器上进行完全存储, 为了保证热门节目更新的及时性, 每隔一定的时间要对每个节目的普及度重新进行计算, 对热门的节目及时进行更新。下面对具体的实现加以阐述。

3.5.5   前缀缓存

伴随着互联网的快速发展以及用户对流媒体数据需求的增加, 原有的网络缓冲机制已经越来越不适应当前的网络状况。现有的缓存技术将用户访问过的网页或者图片进行缓存, 如果利用该技术进行流媒体数据的缓存, 那么存储几个流媒体的全部内容将耗尽流媒体代理缓存的能力。因此现有的缓存文本和图像资源技术不适应大量的连续流媒体, 而现在代理缓存一般缓存每个视频开头一个固定帧序列, 而不是像典型的存储文字和图像的缓存那样存储全部资源。

存储每个连续流媒体的最开始的部分被提出, 是考虑到音频和视频应用程序有不可预测的延迟、吞吐量、信息丢失问题。多客户端从服务器请求访问连续的媒体信息时, 在没有代理缓存的情况下, 每个客户端直接访问服务器, 信息从服务器端输出连续流媒体, 在开始回放流媒体前, 客户端必须等待一个持续时间段, 这是由从服务器到客户端的网络延迟和丢失包产生的, 即使客户端的服务提供者对多媒体流提供服务质量支持, 也不能提供在两个点间播放控制, 因此, 不得不忍受较高的、易变的通信延迟 (启动延迟)。

文献 [11, 12] 中提出流媒体代理前缀缓存, 在服务器到客户端路径上设置流媒体代理缓存。与传流的文本图像数据缓存相似, 存储每个音频、视频流开始部分使代理减少客户端延迟, 不牺牲质量。在接受客户请求的情况下, 代理首先将前缀缓存的内容传输到客户端, 同时向服务器处请求剩余流媒体部分。通过存储普通视频素材 (clip) 的开始部分, 流媒体代理缓存使用户避免在服务器和代理间产生延迟、吞吐量和信息遗失的问题。

3.5.6   前缀缓存的大小

视频前缀的大小直接影响到流媒体代理服务器的工作性能, 如果视频前缀选择过小, 则有可能造成客户端视频播放的延迟过长, 甚至于播放的中断; 如果视频前缀过大, 又会造成流媒体代理服务器缓存的浪费, 因此选择合适的视频前缀的大小就显得非常重要。

影响视频前缀大小的因素主要在于服务器与代理间的性能特性, 还有目标客户端的回放延迟。通常, 前缀应相对代理足够大, 能够容忍几次全程延迟, 处理服务器到代理的延迟、丢失包重传和 TCP 吞吐量变化。1~2s 的前缀缓存只能处理像单个包或短的连续包丢失的一般情况。例如，处理 5% 的丢失率，重传输提高接受包的可能性为 95%~99.75%，这能充分提高在客户端的视频质量。大体上，代理存储几秒视频流，对高带宽 MPEG-2 素材存储 5s 仅需 2.5~3M 缓存空间，对当前的内存磁盘价格是合理的。如果前缀存储在硬盘，开始段数据被缓存在内存中以隐藏磁盘访问延迟。

代理缓存必须为新来的数据包留有缓存空间。假定从服务器到代理缓存的延迟在 $d_{\min}$ 到 $d_{\max}$ 范围内，时间在一定的数据帧单元内测定。为了支持带有到客户端 S 秒起始延迟不连续的回放，代理存储至少 $\max\{d_{\max}-S, 0\}$ 帧的前缀。代理也为部分来自服务器的流信息留有磁盘或缓存空间，以吸收抖动和重播放，这个缓存必须有空间存储来自服务器的至少 $d_{\max}-d_{\min}$ 帧的存储区间。

3.5.7 前缀缓存的管理

本书对于不同的流式文件采用的缓存管理策略是不同的，基本思想是将媒体节目划分为热门节目和普通节目，对于热门节目采用完全缓存策略，而对于普通节目采用前缀缓存策略，具体的节目划分以及判断标准参见后续章节。本小节仅阐述对于普通节目的缓存策略，对于普通节目根据上述前缀缓存的原理，本系统设计如下前缀管理方案。

1. 前缀缓存的映射管理

为了快速响应用户请求，对于存储在代理服务器上的缓存必须采用合适的管理方案才能够完成用户的请求。系统中的信令管理模块接受用户播放器的 RTSP 请求，并对该请求进行分析解释。假设用户播放器发来的 RTSP 请求如下：

```
DESCRIBE rtsp://vod.wntc.edu.cn:3000/real/jsjkxx/01.rmvb RTSP/1.0
CSeq:2
Session:2079811963-1
Bandwidth:57600
SupportsMaximumASMBandwidth:1
```

信令模块对该请求作出解释，从中获得用户播放器所请求的流式文件的 URL，并以此 URL 为基础，作为管理前缀缓存的基础。

前缀缓存由于只是保存流式文件的起始部分，因此前缀不大，但是一个代理服务器上所存储的媒体前缀的数目是大量的，这些大量的前缀对于代理服务器的内存的压力是十分巨大的，因此考虑使用磁盘作为前缀保存的存储器，磁盘缓存价格低廉，存储海量，但是磁盘有较大的延时，为了减少作用磁盘 I/O 以及延时可以在内存中缓存前缀的前几段起到加速作用。

随着用户请求的增多，代理服务器上所存储的前缀缓存数量也随之增多，对于众多的前缀，其管理的时间花销随之增大。为了缩小管理时间成本，本书使用哈希表来管理前缀缓存。哈希表是一种重要的存储方式，也是一种常见的检索方法。其基本思想是将关系码的值作为自变量，通过一定的函数关系计算出对应的函数值，把这个数值解释为节点的存储地址，将节点存入计算得到存储地址所对应的存储单元，检索时采用检索关键码的方法。哈希表有一套完整的算法来进行插入、删除和解决冲突。在内存中建立前缀缓存的映射节点，称为缓存映射节点，每个节点对应一个已存储的前缀。如果增加新的前缀缓存，则同时在哈希表中插入它的缓存映射节点。查找时，首先查找哈希表中的缓存映射节点，找不到则表示需要存储新的前缀，找到则根据此缓存映射节点的消息到磁盘缓存中访问对应的前缀缓存，删除某个前缀缓存时，需要同时删除它的缓存映射节点[13]。

在构建缓存映射节点哈希表的过程中，考虑到前缀缓存的数量，没有采用数组的方法去构建，而是采用了链表的形式组织缓存映射节点，但是牺牲了一定的时间。首先定义哈希表的最大桶数 max，然后定义一个长度为max的一维数组 Proxypre来存储哈希表的头节点，每个节点的类型定义如下：

```
classProxypre{
//哈希表表元素
Int number;
Pcachenode head;
Void *peal;
}
```

其中，number指出本队列所含节点的数目；Pcachenode head指向本队列的头节点；peal缓存映射节点处理类的指针，所指向的实例是用来操作本队列的所有节点，哈希表中每一个非空的节点 (至少有一个头节点) 都有一个映射节点处理类的实例，对本队列中的节点进行互斥操作，包括插入、查找和删除。

哈希函数采用除余法将信令处理模块所解释出的节目名长度 L 整除哈希表的最大桶数 max，所得余数即是相应节点应该插入的位置，也就是 Proxypre数组的下标，将同一头节点的节点构造成一个队列，队列按节目名排序。用户发送请求后需要经过两步查找，第一步用用户发出请求中的节目名长度整除哈希表的最大桶数 max，得到哈希表示意图到头节点位置；第二步在队列中以节目名称查找。哈希表结构如图 3.5 所示。

RTSPClientSession 对象对终端用户的 RTSP 消息进行处理，其中最重要的是 Describe 消息，用户只有得到 Describe 响应报文中的 SDP 描述才能建立正确的 RTP 连接。对于已缓存的节目，SDP 已经缓存。对于不命中的节目请求，代理服务器向源流媒体服务器转发请求。注意代理服务器修改了收到的 SDP 的 o 和 c 字段。代理服务器发送 SDP 后将修改和该节目对应的列表元素。将第一次命中的节目添加到节目列表, 对其他节目增加表元素中的 count值, 计算是否标识为热点节目。处理流程图如图 3.6 和图 3.7 所示。

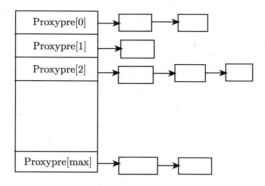

图 3.5 哈希表结构示意图

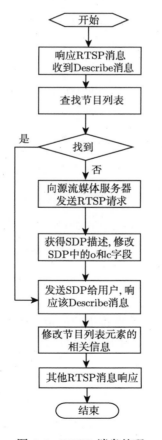

图 3.6 RTSP 消息处理

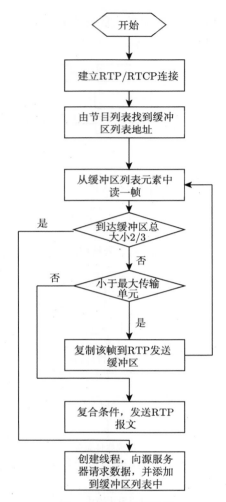

图 3.7　媒体数据传输

2. 前缀缓存的映射节点管理

前缀缓存的映射节点主要负责将用户所请求的流式文件的前缀缓存由硬盘读入内存缓冲区中，并根据用户请求的情况对当前媒体的普及度进行修改[14]，因此构造如下的映射节点结构：

STRUCT cachenode

{

CHAR*　prstName;//指向信令处理模块所解释出节目名，同时也作为哈希

　　　　　　　函数的因子

```
VOID*pcache;
PPOPULAR ppoularpos;//普及度队列的位置指针
CHAR* cache;//分配给前缀的内存缓冲区
DWORD cachelen;//分配的缓存总长度
LONG stmp_cache;
DWORD writelen;//已经写入的缓存总长度
CACHENODE *next;//下一节点
}
```

pcache: 指向一个操作磁盘缓存的类的实例。这个实例对此节点所对应的前缀缓存进行快速读/写/删除操作。每一个前缀都有一个这样的实例。

prstName: 指向信令处理模块所解释出的节目名, 同时也作为哈希函数的因子。

ppoularpos: 指向另一个表中的一个节点, 用来调整前缀普及度。

cache: 前缀缓存在内存中的高速缓冲区, 大小根据代理服务器系统的磁盘性能而定, 确保代理能够快速向客户端传递所需数据。生存期根据前缀被使用的状态而定。

3. 节目普及度的计算

节目管理将流媒体节目划分为热点节目和普通节目。热点节目是在一段时间内用户请求频率较高的流媒体节目, 其他节目则称为普通节目[14]。

任何一个节目第一次被缓存的时候总是标识为普通节目。普通节目到热点节目的转变是随用户请求的到达而动态调整的。用户每次请求一个节目, 节目管理模块搜索本地的节目列表, 如果命中则增加该节目的请求数, 同时用该请求数除以该节目在节目列表中存在的时间, 然后将该比值和设定的热点节目阈值比较。如果高于热点节目阈值, 标识为热点节目。该阈值依据系统规模自行定义。例如, 某个网络中热点节目阈值设置为 1000, 某节目 1h 后用户请求 1500 次, 比值 1500>1000, 则将该节目标识为热点节目。

用户请求一个已标识的热点节目也是计算请求数和时间的比值。如果比值小于热点节目阈值, 并不立即将其标识为普通节目, 而是继续观察, 在第一次低于热点节目阈值后的一段时间, 一般为 48h 后, 如果仍低于热点节目阈值, 将其标识为普通节目。如果此段时间内某个时刻出现了比值高于阈值的情况, 则将节目在节目列表中的创建时间修改为当前时间 (相当于计时器清零)。

普及度主要用来反映一个流式文件被用户重视的程度, 同时它也作为进行前缀缓存替换的一个主要依据。根据前面章节的介绍, 得知普及度主要是由用户的访问次数所决定的。用户每一次访问一个流式文件, 都会导致该流式文件普及度的变化, 本系统中用户每访问一个流式文件一次, 会使该流式文件的普及度加 1, 同时为了区分热门节目和普通节目, 本系统建立了一个普及度的阈值, 阈值为 1000, 也就是说，当某个节目的普及度大于系统所设计的阈值，则该节目就被标识为热门节目，而热门节目在本系统中是通过存储该流式文件的全部内容来加快用户的访问速度的。

对于尚未达到阈值的流式文件，根据普及度的大小不同将加以区分，因为在进行前缀缓存的替换时，普及度是需要考虑的一个重要问题，因此构建如下的数据结构来存储相应媒体的普及度：

```
struct popular
{
PCACHENODE pprefixnode;//前缀映像节点指针
int popularity;
int ref;
int visitednum;
long length;
long stmp_cache;
popular* next;
}
```

其中，pprefixnode 是指向前缀缓存映像节点的指针；popularity的值是 pprefixnode 所指节点所映像的前缀缓存的普及度；stmp_cache是此媒体已缓存部分最后一次被访问的时间戳，与前缀映像节点的 stmp_cach 域值相同，用来计算普及度。

缓存普及度表与缓存映射节点分开存储，这样做在某节点的普及度发生变化时，只需要将缓存普及度表中的相应节点的位置作以调整，而不需要改变缓存节点的位置。由于缓存普及度表节点中所含有的信息量较少，移动该节点所花费的代价则较少。

缓存普及度表中的节点最初按照前缀缓存建立的时间顺序倒序排列，新来的节点插在队列后面，使其 pprefixnode 域指向与之相对应的前缀映像节点。popularity 域的值为 0(规定新增的前缀普及度都是 0)。为了能在缓存普及度表中快速插入节点，设置尾指针 rear，使其指向缓存普及度表尾部，通过这个指针直接在链表中插入节点。

当客户请求某个媒体时，它的普及度发生变化。通过前缀映像节点中的 ppoularpos 域可以直接找到此节点对应的缓存普及度表中节点位置 i，计算此节点的普及度，记为p_i，依次计算此节点后面的节点的普及度，直到遇到普及度大于 p_i 的节点 j，将节点 i 在表中的位置向后移动至节点 j 的前一位。由于计算普及度的方法不会使普及度发生突变，因此节点向后移动的位置是有限的 (或不发生移动)。如果 i 是新节点并需要为它的前缀让出空间时，直接选择普及度队列的头节点，找到所对应的媒体的缓存替换掉它的最大段。算法过程如下：

(在普及度表内)

if(节点 i 存在)

{

计算 i 的普及度 p_i;

j=i+1;

while(节点 j 的普及度 $p_j <= p_i$)

    j=j+1;

    移动节点 i 到节点 j-1 与节点 j 之间;

    找到节点 i 所对应的前缀映像节点 i';

    j=i'-1;

while(节点 j 的普及度 $p_j <= p_i'$ && j>0)

    j=j-1;

    移动节点 i'到节点 j 与节点 j+1 之间;

}

else

{

if(没有足够的空间)

{

选择缓存头节点, 找到对应的前缀映像节点, 删除最大段 k;

if(最大段 k 是前缀缓存)

删除缓存普及度表和映像表中对应的节点;

}

缓存前缀 i,建立相应的表节点;

}

3.5.8 前缀缓存的替换

    流调度算法验证平台用于仿真大型视频点播 (VOD) 系统的用户操作行为并模拟系统运行。通过选择多样性的用户操作序列,对不同算法的运行结果进行比较,可以客观评价各种算法的优劣。建立流调度算法验证平台的核心问题是: 形式化描述大型系统中的用户行为,建立相应的数学模型,并在此基础上实现用户行为仿真器和算法承载平台。在下面分别介绍用户请求到达模型、影片请求分布模型和常见替换算法及其实现。

1. 请求到达数学模型

用户请求到达描述了用户向 VOD 系统发出一次点播命令的过程。用户请求行为可以形式化地表示为 Action[UserID，MovieID，Time，Demand，DemandDetail]，各个参数分别表示用户、节目、用户行为发生时间、命令和命令详细内容。在统计上，所有用户行为都遵循一定的分布规律，用户行为仿真平台的功能就是按照这些分布规律创建每个用户行为，并生成用户行为序列[15]。

　　用户进入系统的时间分布即用户访问系统的强度分布，反映了系统的用户密度。用户选择什么时间进入系统是一个随机的过程。在微观上，关心任意两个相邻用户进入系统的时差；在宏观上，关心一段时间内用户进入系统的数量，以及用户进入系统的强度。使用典型的泊松分布来描述该分布有一定缺陷。典型的泊松分布不能反映用户进入系统的强度随时间变化这一事实，而实际上却存在“黄金时段”现象。例如，娱乐型 VOD 系统的傍晚和周末是“黄金时段”，这些时段内的用户明显多于其他时段。为了体现用户进入系统的强度变化，使用变强度泊松分布来描述用户进入系统的时间分布。

　　变强度泊松分布可用来描述一般 VOD 用户到达系统的时间分布。假定进入系统的用户按照时间顺序排列为 $U_1, U_2, U_3, \cdots, U_n$，其进入系统的时刻为 $t_1, t_2, t_3, \cdots, t_n$，令 $t_0 = 0$，则 t_i $(i = 0, 1, 2, 3, \cdots, n)$ 构成强度为 $\lambda(t)$ 的变强度泊松流。

　　令 $T_i = t_i - t_{i-1}(i \geqslant 1)$，即 T_i 表示相邻用户进入系统的时差，则 T_i 满足概率分布函数：

$$F_{T_i|t_i}(t_i|t_{i-1}) = 1 - \mathrm{e}^{-\lambda(t)t} \tag{3.2}$$

式中，$\lambda(t)$ 是 t 时刻的用户访问强度。

2. 影片请求分布

　　对于节目数目确定的 VOD 系统，用户对节目的选择服从 Zipf 分布。此处涉及对热门 (冷门) 节目的定义。热门节目就是指在一段时间内被多次点播的节目，反之则称为冷门节目。称一段时间内某节目被点播的次数与所有节目被点播的次数之比为该节目的流行度 (popularity，也是该节目的点播概率或普及性)，流行度高的节目为热门节目，流行度低的节目为冷门节目。通过对实际系统的统计发现，节目流行度服从 Zipf 分布。

　　设系统节目存储量为 n，若节目按照其点播概率从大到小排列为 $M_1, M_2, \cdots, M_n$，其点播概率表示为 $p_i = P\{X = M_i\}(i = 1, 2, \cdots, n)$，那么 $\{p_1, p_2, \cdots, p_n\}$ 符合 Zipf 分布排列，即

$$p_i = \left(1/i^{1-\theta}\right) \Big/ \sum_{j=1}^{n} \left(1/j^{1-\theta}\right) \tag{3.3}$$

式中，θ 为常数，称为 Zipf 系数。若 $\theta = 0$，则有 $p_1/p_2 = 2, \cdots, p_1/p_i = i, \cdots, p_1/p_n = n$。根据某视频出租行业的统计，92 个节目出租数量符合 $\theta = 0.271$ 的 Zipf 分布；2015

年某流行歌曲排行榜 100 首歌曲的选票数目符合 θ=0.51 的 Zipf 分布，这些都是大规模点播符合 Zipf 分布的实例。若某 VOD 系统有 200 个节目，且服从 θ=0.271 的 Zipf 分布，计算表明，最热门的 10% 的节目将吸引 72.1% 的观众，即大部分观众集中在少量节目中。

3. 常见替换算法

根据上述理论可知，在一段时间内，少量的热门节目将吸引大量观众的请求，因此缓存替换算法就显得极为重要。从某种角度上说，缓存替换算法是流媒体代理系统工作的核心，它的好坏直接决定了流媒体代理缓存系统的性能。

传统的替换算法主要应用于大小相等的对象。最经典的替换算法包括 LRU (latest recently used，最近最少使用)、LFU(latest frequently used，最不经常使用) 等。

LRU 是目前最广泛使用和最为重要的替换算法。LRU 算法考察缓存中对象最近一次访问的时间，选择被访问时间距当前最长的对象为回收对象。LRU 利用引用的局部性，保留最近使用的，抛弃最近最少使用的对象。LRU 易于实现，鲁棒、高效适用于页面缓存的场合。LRU 关注最近使用的相同大小的对象，对应于最近使用的对象子集 R。LFU 算法选择访问频率最小的数据对象作为回收对象，它关注使用频率最高的对象，对应于使用频率高的子集 F。

基于资源的缓存 (resource based caching，RBC) 算法强调缓存容量及磁盘 I/O 的负载平衡。为避免磁盘 I/O 和缓存容量两种资源一种过载另一种空闲的情况，在缓存对象时优先缓存对稀缺资源利用较少的对象。以前的研究比较说明 RBC 比 LFU 算法能取得更高的缓存命中率。Pooled RBC 策略则改进了 RBC 算法，它提供一个带宽池，当一个客户请求到达时，从带宽池中为该客户分配带宽 (如果可能)，发送完毕，要收回已经分配的带宽归还给带宽池。如果不能为客户请求配足够的带宽，Pooled RBC 把请求转交给原始服务器，而不是简单地替换实体来释放带宽。实验结果表明在大多数情况下性能优于原始的 RBC，并且这个策略明显比 RBC 容易实现。

Interval 替换算法，从 Cache 的角度看，用户请求被分成读请求和写请求。当一个用户到达时，如果内存里缓冲有所需数据，那么这个请求为读请求；如果内存里没有所请求的数据，用户请求体现为写请求。从这种角度出发，Interval 替换算法希望将两个写请求合并成一个写请求。如图 3.8 所示，D_1 是第一个到达的用户服务请求，D_2 是紧接着到达的第二个用户服务请求，它们都请求同一影片，这样，它们就构成了一个数据请求对 $< D_1, D_2 >$，并且数据请求对 Interval 就等于 3。根据数据对的 Interval 大小，系统对数据对按升序进行排队。从队头选择要服务的数据请求。

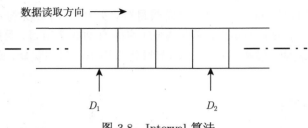

图 3.8   Interval 算法

　　Interval 算法给出了一个很好的数据共享的思想,但仅仅考虑了两个用户的数据共享,在实际的缓存替换算法中,还要考虑媒体的质量、启动延迟以及多媒体数据对网络的消耗等因素。

4. 替换算法的实现

　　本书采用的前缀替换算法是 LFU,采用 LFU 的原因是普及度的计算过程中包含着每隔一定的时间就对所有的节目的普及度进行一次清零的过程,这一点非常符合 LFU 算法的要求,因此在选择替换算法时选择了 LFU 替换算法。

　　算法描述如下:

```
while(没有足够的前缀缓存空间)
{
        计算新来节目的哈希函数;
        利用计算出来的哈希函数的数值,在前缀缓存映射节点表中找到所
在的链表;
        if(所在链表不为空)
        {
            在所在链表中查找普及度最小的节点;
            对缓存映射节点进行更新;
            更新哈希表;
        }
        else
        {
            新来节点进入缓存节点链表;
        }
}
```

3.5.9   补丁算法

　　前面讨论了关于流式文件的前缀管理,当流式文件被用户进行点播之后,代理

缓存服务器将前缀文件传送给用户, 对于后续的文件内容的传输可以采用补丁算法来实现。

1. 成批传送算法

成批传送是视频组播的重要技术。在使用视频服务器、代理缓存进行视频传送时, 视频组播能较好地提高视频传送效率, 节约网络资源; 在流媒体代理缓存中, 视频组播技术是通过成批传送技术实现的。

成批传送是将一段时间内的多客户请求同一视频的请求, 通过一次传输这个视频, 完成多个客户的共同服务。在具体实现中, 成批传送的时间是固定的, 不能太大; 在这个时间内, 所有客户的请求都要等到这段时间的末端, 再进行视频传送; 这样客户要产生一个等待时间 (等待延迟), 最大等待延迟长度是成批传送的时间长度。等待延迟时间太长, 会使客户请求等待时间过长, 这就严重影响了成批传送 (组播) 技术的应用。

在基于前缀代理缓存中, 采用的成批传送技术也受上述等待延迟的限制。在代理缓存中, 前缀缓存是为了解决启动延迟而保存的一段流媒体素材, 这个素材的长度用时间来描述。根据流媒体代理缓存的最小时间长度单位 b, 将前缀缓存划分成不同的时间段; 基于前缀的代理缓存在进行成批传送时, 采用时间 b 作为成批传送的单位进行处理, 代理缓存将 b 时间内的多客户请求看成一个客户的请求而向服务器请求, 然后再转发给申请的这多个用户, 实现一次服务完成多用户的请求。

2. 补丁算法

补丁算法的基础为成批传送算法, 即利用组播媒体流同时服务多个用户。成批传送算法有效地利用组播流服务多个用户请求, 节约了视频服务器 I/O 和网络带宽资源, 然而成批传送算法有其明显的局限性: 视频服务器在一段时间内收集多用户请求, 收集的用户请求越多, 效率越高; 这个时间段越长, 效率越高, 而多个请求用户产生的等待时间越长, 从而限制了成批传送算法的应用。

补丁算法引入用户端缓存 (client buffer) 和补丁流 (patching stream) 两种策略解决用户加入组播流导致数据丢失的问题。首先, 补丁算法要求用户维持一个数据缓存区, 该缓存区应能缓存一定长度的媒体流; 此时, 当用户发出的请求落后于当前组播流时, 用户先利用缓存区接收并缓存组播流, 同时系统再生成一单播媒体流补偿播过的数据, 该单播流称为补丁流。

补丁算法的系统效率高于其他传统动态流调度算法, 但也受一定因素的制约。在补丁流播放过程中, 组播流被缓存于用户缓冲区中, 这就要求补丁流的长度不能超过缓存区长度。此处, 补丁算法效率也受到补丁流的影响, 补丁流通过单播流发送至用户, 本身也需消耗系统和网络资源。

Hua 提出的补丁算法对资源调度采取的是 FIFO 原则,即系统总是尽量满足当前的用户请求。显然,FIFO 调度策略并不能确保系统性能的最优化。对于视频服务器而言,如何调度系统资源生成组播流和补丁流,实现系统最大收益 (maximized profit) 或最小代价 (minimized cost) 是一个值得研究的问题。

3. 基于前缀的补丁算法的理论分析

图 3.9 说明了代理缓存的补丁算法处理过程, t_s 时刻有客户请求,代理缓存向服务器发出请求一个常规通道,常规通道播放整个部分的流媒体视频;在 t_1 时刻,又有一个客户请求这个视频,而且 $t_1 - t_s \leqslant W$, W 是补丁窗口的长度; b 是划分流媒体视频的最小时间单位,也是组播时的最大延迟;当 $t_{k-1} < t_1 \leqslant t_k$ 时,代理缓存在 t_k 时刻为客户请求补丁通道,传输 $t_k - t_s$ 时间内错过的流媒体视频。在传送补丁通道前,代理缓存首先将前缀缓存传送给客户,传送完前缀缓存后再进行补丁通道的传送。补丁算法是一种使用客户端缓存的处理方法。在客户端,客户要在 t_k 时刻接收前缀缓存或补丁通道的流媒体数据;同时还要接收常规通道 t_k 时刻以后的流媒体视频,并将这些数据缓存在客户端,这样客户端接收到这部分常规通道的流媒体视频素材,就不用通过网络再进行一次传送,从而节约网络资源;补丁算法通过客户使用客户端缓存,缓存了网络资源。代理缓存中的前缀缓存解决网络的等待时间,同时也能提高代理缓存的效率。

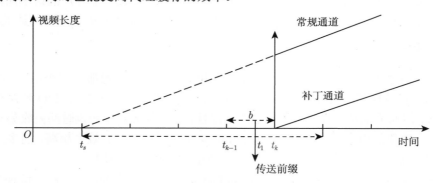

图 3.9　代理缓存的补丁算法

流媒体代理缓存在进行补丁处理时先进行成批传送,然后将进行成批传送处理的客户通过补丁通道进行处理,这样的处理过程被称为成批补丁算法。成批补丁算法是目前效率最高的传送算法。

研究人员最近引进了最优化成批补丁的概念,目的在于使服务器的平均输出码流最小化,客户请求在向服务器请求 RM 之前以一个间隔为基础一起成批传送,这个间隔是固定的,并标为 b;有一个最佳的修补窗口 W,超过了这个窗口,效率就要降低,因此启用一个新的 RM 要比发送修补使带宽效率更高。

4. 对批处理补丁结合前缀缓存算法的改进

在补丁算法中，客户端接收前缀数据进行播放，并通过补丁流获得后续的数据，在前缀播放完成后，播放补丁流完成节目。但是这种处理方式对于节目仅仅体现出了对于前缀的利用，而没有体现出对于补丁流的利用。

假如某一时刻一个客户请求到来，在他的前缀请求处理时间内又有其他的对同一节目的客户请求到来，则将这两个请求进行合并，开始前缀的播放并启动同一补丁流传输后续的数据；而如果没有其他用户的请求到来，则该客户播放前缀并启动补丁流传输后续数据。但是在它的补丁流播放的初始有其他对同一节目的客户请求到来，则新到来的请求需要重新传输前缀，并启动一个新的补丁流传输后缀数据，这对于第一个客户已经传输的补丁流而言是一种浪费。因此在编写代理软件的过程中考虑了对于补丁流数据的共享问题。

改进后的批处理补丁结合前缀缓存的基本服务过程如图 3.10 所示。其中 b 表示批处理间隔；L 表示流媒体对象播放的持续时间 (单位为 s)；W 表示补丁窗口的大小，通常取 $W=Nb(1\leqslant N\leqslant L/b)$，如果客户请求到达落在窗口之外，则开始一个新的常规组播周期为其提供服务更为有效。

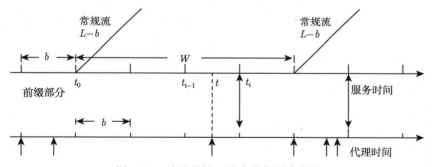

图 3.10　改进的补丁结合前缀缓存算法

假定代理服务器预先缓存了媒体对象的前缀部分 (prefix)，其长度为 L_p，取 $L_p=b$。算法的形式化描述如下：

(1) 当客户请求到达时刻 $t\in[t_{i-1},t_i)$ 时，客户端可以立即从代理服务器中获取媒体对象的前缀部分并开始播放。

(2) 如果 $t_i<t_0+W$，则客户端将在 t_i 时刻加入常规组播通道，同时，代理服务器向源服务器请求一次补丁服务，补丁大小为 t_i-t_0，然后将该补丁流转交给客户端。

(3) 如果 $t_i\geqslant t_0+W$，则源服务器开始一个新的常规组播周期。在这种服务模式中，如果第 i 个批处理区间有客户请求到达，则需要的补丁块大小为 ib。

假设客户请求到达服从泊松分布，平均客户请求到达速率为 λ，则可以用 $p=$

$e^{-\lambda b}$ 表示任一批处理区间中没有请求到达的概率。由此，可以得出该算法的任意

两个相邻的常规组播周期之间需要的补丁大小的均值为 $\mu = b\sum_{i=1}^{N} i\,(1-p)$，两个相

邻的常规组播之间的平均间隔 $I = (N+1)b + 1/\lambda$。用 r 表示媒体对象的播放速率 (单位为 bps)，R 表示源服务器输出链路的平均传输带宽 (即骨干链路的平均传输速率)，则骨干链路的归一化带宽 (服务器平均并发流个数) 为

$$
\begin{aligned}
\frac{R}{r} &= \frac{(L-b)+\mu}{I} \\
&= \frac{(1-p)\,w^2 + (1-p)\,bw + 2b\,(L-b)}{2bw + 2b^2 + 1/\lambda}
\end{aligned} \tag{3.4}
$$

客户端需要的缓存空间大小为 $2\,(w+b)\,r$。

上述方案的缺点是对客户端的性能要求较高，需要具备同时接收三个流的能力，分别用于同时接收前缀、补丁及常规流，而且还需要配备较大的缓存空间。

上述算法伪码描述如下：

```
//For each new request from clients
processReques(t_req)
{//add this request to the current batch
attachReqtoCurrBatch(req);
}
attachReqtoCurrBatch(req)
{
currBatch. reqCounts++;
}
//For each batch
processCurrBatch()
{
while(1){
currBatch=new Batch();
currBatch.startTime=now;
currBatch.endTime=currBatch.startTime+bm;
currRC. batchNum+=1;
if(currBatch.endTime > currRC.startTime+wm)
{//Create a new regular channel
currRC=new RC();
```

```
currRC.startTime=currBatch.endTime;
//allocate a buffer unit
patchBuffer = new Buffe(r_bm);
currRC.batchNum = 0;
}
if(currBatch.ReqCounts>0)
{//calculate the intervals between batchs
num=currRC.batchNum-patchBuffer.size;
patchBuffer.extend((num+1)*bm);
if(num>0)
//start PC and get the patchs from server
CreateThread(FetchMisPatchs(num));
}
CreateThrea(d_cacheNextSegmen(t_bm));
}
StreamRStoClien(t_req)
{//stream the RS to client
StreamRS(currBatch.endTime);
}
MulticastPatchtoClien(t_req)
{//stream the patch to client
for(i=1; i<=currRC.batchNum; i++ )
StreamPatc(h_patchBuffe[r_i]);
}
```

3.5.10 代理的其他实现

1. 系统的总体设计

本系统所设计的功能模块主要包括以下几个部分: HTTP 请求处理部分、RTSP 请求处理部分、代理缓存管理部分和客户管理部分[13], 如图 3.11 所示。

(1) HTTP 请求处理部分主要完成对客户的 HTTP 请求进行转发, 因为用户访问流式文件的请求一般均是由访问 Web 页而引发的, 因此必须由该模块完成 HTTP 请求的处理。

(2) RSTP 请求处理部分主要完成在客户端的媒体播放器 (real player) 打开后与代理建立 RTSP 会话, 并完成对客户 VCR 操作的响应。

(3) 代理缓存管理部分主要负责前缀映射的管理、普及度的计算、缓存与磁盘存储器之间的数据交换。

(4) 客户管理部分主要是实现应用级多播。

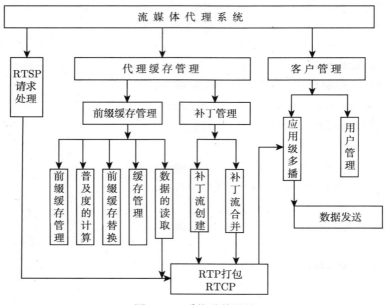

图 3.11　系统总体设计

2. HTTP 代理

用户访问流式文件的请求一般均是由访问 Web 页而引发,过程如图 3.12 所示。因此代理服务器还应该具有处理 HTTP 请求的能力,HTTP 代理一般均可以实现下列功能:接受客户请求、验证客户身份、转发客户请求、转发服务器数据、管理 Web 代理缓存等。但是由于本书主要构造的是流媒体代理服务器,因此没有实现如此多的功能,仅仅只需要实现 HTTP 代理的接受客户请求、转发客户请求、转发服务器数据的功能。

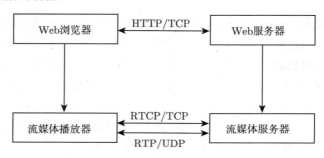

图 3.12　HTTP 协议系统中的处理过程

接受客户请求可以在代理服务器上不断地监听客户端口，获取客户的 Socket，从而得到客户请求。实现代码如下：

```
socket    MainSocket,ClientSocket;
struct    sockaddr_in   Host,Client;
WSADATA WsaData;
Int      AddLen,i;
        //初始化
        DisplayBanner();
        if(WsaStartup(MAKEWORD(2,2),&WsaData)<0)
        {
                printf("dll    load    error\n");
                exit(-1);
        }
        //创建socket端口
        MainSocket=socket(AF_INET,SOCK_STREAM,IPPROTO_TCP);
        if(MainSocket= = SOCKET_ERROR)
        {
                ParseError("端口创建错误");
        }
        Host.sin_family= AF_INET;
        Host.sin_port= htons(8080);
        Host.sin_addr.s_addr=inet_addr("159.226.39.116");
        //绑定
        if(bind(MainSocket,(SOCKADDR *)&Host,sizeof(Host))!=0)
        {
                ParseError("绑定错误");
        }
        i=0;
        //监听
        if(listen(MainSocket,5) = =SOCKET_ERROR)
        {
                ParseError("监听错误");
        }
        AddLen=sizeof(Client);
        //连接新的客户
```

```
        i=0;
        while(1)
        {
            ClientSocket=accept(MainSocket,(SOCKADDR*)&Client,
                               &AddLen);
            if(ClientSocket= =SOCKET_ERROR)
                {
                        ParseError("接受客户请求错误");
                }
            printf(".");
            i++;
            if(i>=1000000)
                    i=0;
            Global[i]=ClientSocket;
            //对于每一个客户启动不同的进程进行控制
            _beginthread(Proxy,0,(void  *)&Global[i]);
        }
}
```

　　在监听到客户请求之后，从客户请求中分离出服务器地址，并创建新的
Socket与服务器连接。

```
//处理请求信息，分离出服务器地址
if(ParseHttpRequest(ReceiveBuf,DataLen,(void *)&ServerAddr) <0)
    {
            closesocket(ClientSocket);
            goto error;
    }
```

　　//创建新的Socket来和服务器进行连接

```
ProxySocket=socket(AF_INET,SOCK_STREAM,IPPROTO_TCP);
```

　　在连接服务器成功之后，由代理服务器将数据转发至客户端。

```
while(DataLen>0)
{
    memset(ReceiveBuf,0,MAXBUFLEN);
    if((DataLen=recv(ProxySocket,ReceiveBuf,MAXBUFLEN,0))<=0)
    {   ParseError("数据接受错误");
        break;
```

```
}
else
//发送到客户端
if(send(ClientSocket,ReceiveBuf,DataLen,0)<0)
{
    ParseError("数据发送错误");
    break;
}
```

3. RTSP 请求的处理

通过流媒体服务器的协议栈的设计，可以明确流媒体服务器是在传输层协议 (TCP、UDP) 上解释 RTP、RTCP、RTSP 协议的，如图 3.13 所示。所有的客户连接请求都是以 TCP 的端口获得的，流媒体数据也都是打成 RTP 包，通过 UDP 端口发出去的。

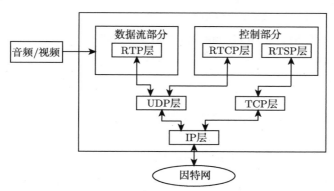

图 3.13　RTSP 协议与其他协议的关系

假如流媒体服务器面对一个单一的客户，完成的过程如下：

(1) 在客户端发出 RTSP 连接请求后，服务器通过对 TCP 端口的监听，读入请求；

(2) 解析请求内容，调入相应的流媒体文件；

(3) 形成 RTP 包，分发数据流包，获得 RTCP 包；

(4) 数据包发送完毕，关闭连接。

而当采用了代理服务器后，代理服务器将接收请求，并传输数据 (代理服务器存储有客户请求的流式文件时)。

......

```
#include "rtpsession.h"
```

```
......
{
  RTPSession sess;
  unsigned long destip;
  int destport;
  int portbase = 6000;
  int status, index;
  char buffer[128];
  if (argc!= 3) {
    printf("Usage: ./sender destip destport\\n");
    return -1;
  }
  // 获得接收端的 IP 地址和端口号
  destip = inet_addr(argv[1]);
  if (destip == INADDR_NONE) {
    printf("Bad IP address specified.\\n");
    return -1;
  }
  destip = ntohl(destip);
  destport = atoi(argv[2]);
  // 创建 RTP 会话
  status = sess.Create(portbase);
  checkerror(status);
  // 指定 RTP 数据接收端
  status = sess.AddDestination(destip, destport);
  checkerror(status);
  // 设置 RTP 会话默认参数
  sess.SetDefaultPayloadType(0);
  sess.SetDefaultMark(false);
  sess.SetDefaultTimeStampIncrement(10);
  // 发送流媒体数据
  index = 1;
  do {
    sprintf(buffer, "%d: RTP packet", index ++);
    sess.SendPacket(buffer, strlen(buffer));
```

```
        printf("Send packet!\\n");
    } while(1);
    return 0;
}
```

采用补丁算法时,在传送前缀的时候可以在传送数据之前调用一个延时程序,将在此延时程序工作期间所获取的请求通过调用 RTPSession 类的 AddDestination 方法将其地址加入 RTP 接收端,以便实现组播。延时程序的时间长短参见 3.5.9 小节所述。

3.5.11 系统测试

受测试条件和系统完成时间的限制,没有首先采用测试软件进行测试,而是首先采用应用测试的方法,在某一集中的时间内共找到 40 名测试人员进行测试 (校园网内测试)。测试项目如下。

(1)40 名测试人员同时访问 40 个不同的流式文件,每个文件的缓冲时间较短,最长的缓冲时间为 5s。

(2)40 名测试人员同时访问同一个流式文件,每个用户在 6s 之内均能够观看到节目。

(3)40 名测试人员在 5min 内任意选择自己所感兴趣的流式文件,根据测试人员的测试反应得知,所有请求均能够在用户所能容忍的时间内得到响应。

(4) 测试过程中用户执行 VCR 操作,响应延时较大,但不超出用户可以忍受的时间范围。

根据上述测试结果可知,流媒体服务器和流媒体代理服务器均能够正常运行,且基本可以满足在设计之初所设定的设计目标。之后对算法的实现效果作了如下测试。

选取一台 P4 3.06CPU、512M 内存、120G 硬件配置的机器作为测试用机,操作系统选择为 Redhat Linux 9.0,并在其上安装了 Real One Player。

测试过程如下:首先将系统缓存和代理服务器缓存完全清空,然后在客户端打开 Real One Player,在其代理设置中加入流媒体代理服务器 IP 地址,打开一个流式文件的 URL 地址,如 rtsp://10.1.0.8/realqt.mov,开始播放,第一次由于代理服务器的缓存已经被清空了,因此代理服务器会把服务器的数据传送给客户端,并在代理服务器上保存文件的前缀副本。在第一次播放完成之后进行第二次播放,由于代理服务器上已经有了客户端所请求的数据,系统会将所缓存的数据传送给客户端。

下面分析这两种情况下的日志文件,图 3.14 所示是第一次播放时的日志,可以很明显地看到 findresult=FIND_MISS,表示该文件没有被缓存,代理缓存系统在转发这一数据时会在缓存中保存相关数据。在第一次播放完成之后启动第二次播放，可以看到此时 findresult=FIND_HIT_OK，如图 3.15 所示，这表明数据已经在代理服务器的缓存中出现，同时流式文件的长度和 RTP 包的数量也已经被记录下来。

```
#First
url=http://rtsp://10.1.0.8/realqt.mov/streamid=0   findresult=FIND_MISS
filepath=/cache1/00/00/00000000
url=http://rtsp://10.1.0.8/realqt.mov/streamid=1   findresult=FIND_MISS
filepath=/cache1/00/00/00000001
.

total len=100760, totalpkt=108
total len=857607, totalpkt=1052
cache Finish:rtsp://10.1.0.8/realqt.mov/streamid=0
cache Finish:rtsp://10.1.0.8/realqt.mov/streamid=1
```

图 3.14   没有缓存数据时的日志

```
#Second
url=http://rtsp://10.1.0.8/realqt.mov/streamid=0   findresult=FIND_HIT_OK
filepath=/cache1/00/00/00000000
url=http://rtsp://10.1.0.8/realqt.mov/streamid=1   findresult=FIND_HIT_OK
filepath=/cache1/00/00/00000001
Start Retran:url:rtsp://10.1.0.8/realqt.mov/streamid=0
Start Retran:url:rtsp://10.1.0.8/realqt.mov/streamid=1
.

Retran over:rtsp://10.1.0.8/realqt.mov/streamid=0
Retran over:rtsp://10.1.0.8/realqt.mov/streamid=1
```

图 3.15   有缓存数据时的日志

由于时间问题，没有再进行进一步的测试，但是通过上述两种测试，基本可以反映出本系统在校园网络中运行正常，可以满足用户一般的视频观看需求。

3.6   本 章 小 结

伴随着网络技术的发展和普及，网络已经走入了千家万户。网络用户数目的增加和应用范围的拓宽带来了一个非常直观的问题——用户需求形式的多样化，特别是近年来用户对多媒体信息的需求增加的速度惊人。网络电视、远程教育、视频会议、宽带电视广播、移动和无线多媒体服务蓬勃发展起来，视频、声音、图像、动画等多媒体信息已成为人们生活的一部分。流媒体的需要速度正以指数级增长着，它的实时性、高速性、宽带性使因特网的网络设施常常不能满足流媒体的需求，网络资源和流媒体的广泛应用之间的矛盾日益加深，节约网络资源保证流媒体应用成为挑战性的研究课题，流媒体代理缓存技术是解决这一课题的重要技术。本章首先对比网络缓存技术，提出流媒体缓存的必要性。流媒体缓存技术可分为客户端缓存、服务器端缓存以及代理缓存，并提出了流媒代理缓存的设计目标和性能评价指标，并在参考已有的流媒体代理缓存理论基础上，采用前缀缓存+补丁算法的缓存管理策略，参照流媒体服务器的工作原理，采用 RTSP 作为流传输协议，实现了流媒体代理缓存系统。

参 考 文 献

[1] HA W T. Achievement of proxy cache system for streaming media based on patch algorithm[J]. Computational Intelligence and Security, 2011,(1): 1422-1424.

[2] WU K L, YU P S, WOLF J L. Segment-based proxy caching of multimedia streams[J]. IEEE Transactions on Multimedia. 2004, 6(5): 770-780.

[3] HA W T. Reliability prediction for Web service composition[J]. Computational Intelligence and Security, 2017, (1): 570-573.

[4] LEE D, CHOI J, KIM J, et al. LRFU replacement policy: A spectrum of block replacement policies[J]. European Journal of Endocrinology, 1996, 171(5): 571-579.

[5] 哈渭涛. 基于通信量控制的流媒体视频点播系统的设计与研究 [J]. 渭南师范学院学报, 2009, (5): 50-52.

[6] 胡光岷, 李乐民, 安红岩. 带宽预留的成组多播快速路由算法 [J]. 电子学报, 2003, (4): 121-128.

[7] 马钰璐, 王重钢, 程时端. 多核单向共享树多播路由协议 [J]. 计算机学报, 2001, 24(7): 6-10.

[8] 刘莹, 刘三阳. 多媒体通信中带度约束的多播路由算法 [J]. 计算机学报, 2001, 24(4): 367-372.

[9] 陈莉萍, 王宇平, 哈渭涛. Web 服务中隐私信息违例识别与补偿策略设计 [J]. 计算机工程与设计, 2017, 08(38): 2015-2019.

[10] 单蓉, 哈渭涛. 具有智能交互的网络教学系统 [J]. 价值工程, 2011,(24): 160-161.

[11] 郝沁汾, 祝明发, 郝继升. 一种新的代理缓存替换策略 [J]. 计算机研究与发展, 2002, 39(10): 178-186.

[12] 郭常杰, 向哲, 钟玉琢. 一种新的基于分区的多媒体代理协作管理策略 [J]. 计算机研究与发展, 2002, 39 (11): 1505-1513.

[13] 刘衡竹, 陈旭灿, 陈福接. 视频服务器中视频流储分配算法的研究 [J]. 计算机学报, 1998, 21(4): 289-296.

[14] 林永旺, 张大江, 钱华林. Web 缓存的一种新的替换算法 [J]. 软件学报, 2001, 12(11): 1710-1716.

[15] 贾花萍, 李尧龙, 哈渭涛. K-means 聚类神经网络分类器在睡眠脑电分期中的应用研究 [J]. 河南科学, 2012, (6): 730-732.

第4章　流媒体传输拥塞控制的研究

在互联网技术十分发达的今天，流媒体技术已经成为网络视频传输的中流砥柱，连续实时的流式传输方式已经深入人心。信息流在因特网的传输过程中，数据采用基于 UDP 的 RIP 协议传输，最终质量通过 RTCP 和 RSVP 协议控制，而控制信息则采用基于 TCP 的提供 QoS 可靠性保证的 RTSP 协议。对于如今的网络通信，TCP 协议是主流，占据绝大部分。当网络阻塞或延迟，TCP 协议启动端到端的拥塞控制方式，调整和优化当前网络状况。而 UDP 协议并没有相应的拥塞控制算法，当网络阻塞时，TCP 信息流将无法与 UDP 信息流同步，因此 TCP 友好性是流式信息传输拥塞控制机制应该具有的特征。

4.1　网络拥塞概述

4.1.1　拥塞的定义

网络拥塞可以通过很多现象来描述，如传输延迟、数据包吞吐、负载均衡、网络服务质量等。网络中的资源包括带宽和节点缓存，一般认为，当对网络中某种资源的请求超过了当下能够提供的资源量，从而引起网络性能变坏，该状况叫做拥塞（congestion）[1]，可表示为

$$\sum 需求资源 > 可用资源$$

所谓拥塞控制就是避免太多的数据流进入网络中，减轻因特网中的通信链路负载。拥塞控制可以通过当前互联网的流量以及可以提供的负载来体现，如图 4.1所示。

4.1.2　拥塞产生的原因

产生网络拥塞的根本原因在于互联网中资源的供给少于实时请求，即客户端请求的网络负担多于网络已经拥有的资源。从局部范围来看，网络拥塞出现的表面原因有互联网带宽不足、处理机速率太慢、存储空间不够。从整体上看，产生网络拥塞的原因有以下几点：

(1) 尽最大努力交付的模型没有提供端到端的可靠服务和 QoS；

(2) 网络中资源和流量分布不平均；

(3) 没有合适的拥塞控制机制，未限定最大用户容纳数量。

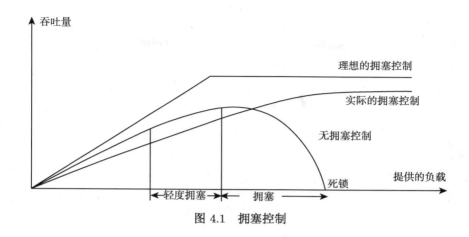

图 4.1 拥塞控制

4.1.3 拥塞控制算法的评价指标

对于用户来说，可以使用以下指标来度量拥塞控制机制的性能。

吞吐量 (throughput)：一段时间内通过通信线路的数据量，即每秒钟可以发送的分组段，单位为 Mbit/s。

包丢失率 (packet loss rate)：数据包在因特网传送过程中被抛弃的比例。当传输链路产生堵塞时，路由器会创建缓冲区来堆积分组包。如果堵塞时间过长，缓冲区的有限容量耗尽，这个时候会选择抛弃一些数据分组。

抖动 (thrashing)：网络传输过程中通信线路延迟的变化，发生拥塞时，任务队列延迟发生变化，导致抖动大增。

响应时间 (即往返时间，run trip time，RTT)：从用户发出请求到发送端回应请求之间的时间间隔。显然，RTT 与分组长度有关，长的数据块比短的数据块往返时间长。

信道利用率 (channel utilization)：指通信线路的有效传输信息时间与线路总共可利用时间之比。

时延 (1atency)：也称延迟，是指分组包从网络一端发送到对面的时长。网络中的时延是由以下几个部分组成的：

(1) 发送时延 (transmission delay)，也称传输延迟，指路由器和主机传送数据包耗费的时间。

$$发送时延 = 数据帧长度 (bit)/信道带宽 (bit/s)$$

因此，对于给定的互联网，传输延迟是一直在动态变化的，与带宽成反比，与数据分组长度成正比。

(2) 传播时延 (propagation delay)，指电磁波在通信线路中传输一段路程需要的时间。

$$传播时延 = 信道长度 (m)/传播速率 (m/s)$$

(3) 处理时延，主机和路由器接收到数据包时进行必要的处理操作所需要的时长。

(4) 排队时延，数据包在互联网中传送时，会通过很多路由器，进入路由器时需要在缓冲区排队等候处理。当路由器确认下一跳路由地址后，数据分组还需要在输出队列中等候转储和发送，于是便出现了排队时延。当网络通信量很大时，可能会导致数据包丢弃，此时排队延迟无限大[2]。

综上所述，分组包在网络中传输的总时延等于以上四种时延之和：

$$总时延 = 发送时延＋传播时延＋处理时延＋排队时延$$

4.1.4 因特网传输服务质量

服务质量 (quality of service，QoS) 是用来解决当前互联网阻塞和延迟的控制机制。对于流媒体传输来说，服务质量可以确保当网络阻塞或负载过重的时候重要服务不受时延和丢失，确保互联网网络传输的高效运转。QoS 包括两种类型，即尽力传送 (best-effort) 和实时传送 (real-time)。

1. 尽力传送

尽力传送是最简单的服务模型，比较单一。应用程序能够随时随地发送随意数目的分组段，不需要通知网络。对于尽力传送服务，互联网会尽最大努力来传送数据分组，不能确保互联网的延迟和拥塞等可靠性能。尽力传送服务是当前因特网默认的服务模式，通过先进先出队列 (first in first out，FIFO) 来实现，适用于绝大多数应用层服务，如 E-mail、FTP 等。尽力传送服务对所有网络传输业务都一视同仁，对流媒体的网络实时传输，很难保证传输质量与可靠性，故无法满足流媒体传输需要。

2. 实时传送

实时传送服务是一个综合服务模型，符合多种 QoS 服务要求。在发送数据分组之前，实时传送先请求单独的服务，告诉互联网己方的流量参数和带宽、时延等 QoS 请求。只有在收到互联网反馈信息之后，即已经确定互联网为该报文提前预备资源的前提下，才会传送分组。对于不同类型的业务，实时传送服务给予不同的质量和可靠性保证，可以很好地满足流媒体数据流在网络传输中的实时性和突发性要求，适合网络流媒体传输。

4.2　拥塞控制方法

目前,互联网倡议标准制定了四种拥塞控制机制,分别是慢开始、拥塞避免、快恢复和快重传。为了专门探讨拥塞控制,忽略其他影响因素,作出以下假定,即数据分组传送是单方向的,而且接收端有足够的空间来缓存数据包。

4.2.1　慢开始和拥塞避免

传送端保持一个描述当前传送任务的阻塞窗口 (congestion window, CWND)。CWND一直都在动态变化,大小由网络拥塞程度决定。当互联网没有阻塞时,CWND就不断增加一点,这样才会传送更多的数据分组;反之,如果出现拥塞,就逐步减小 CWND,减少数据分组的注入[3]。

慢开始算法的思想是,建立网络信道连接后,从小到大逐步增加阻塞窗口值,最初传送分组时,将 CWND 设定为分组的最大报文段值。当接收端拿到数据包后向传送端发出确认反馈,便将拥塞窗口的最大报文段值加 1。

最初发送时,设定 CWND=1,由于此时通信线路基本闲置,因此可以考虑在初期阶段快速增加 CWND。每当传送端拿到接收端的反馈信息,即可将拥塞窗口 CWND 翻倍。

为了避免 CWND 的过快增加,从而导致因特网阻塞,设定一个慢开始限制 ssthresh。

当 CWND<ssthresh 时,使用慢开始算法;

当 CWND>ssthresh 时,不再使用慢开始,而换成拥塞避免算法策略;

当 CWND=ssthresh 时,拥塞避免与慢开始策略均可行[4]。

拥塞避免算法的思想就是让阻塞窗口 CWND 慢慢增加,一个往返时间 RTT 后,并非把阻塞窗口 CWND 翻倍,而是慢慢加 1,以此来保持 CWND 的线性增加。采用慢开始和拥塞避免策略的拥塞控制流程如图 4.2 所示。

图 4.2 中,"乘法减小"指不管在拥塞避免时期还是慢开始时期,一旦互联网发生超时,将慢开始门限值 ssthresh 减半;"加法增大"指为了防止网络过早出现堵塞,实行拥塞避免策略,使阻塞窗口慢慢增加。

(1) 当初始化 TCP 连接时,将阻塞窗口 CWND 的值为 1,慢开始限制的值置为 16。

(2) 然后采取慢开始算法,每当发送端取到一个来自接收端的反馈报文,就把拥阻窗口 CWND 加 1,此时阻塞窗口 CWND 跟着传输轮次以幂函数的形式增长。当阻塞窗口 CWND 增大到慢开始限制值 ssthresh 时,即当 CWND=16 时,换成拥塞避免策略,阻塞窗口按照线性方式增加。

(3) 现在假设当阻塞窗口 CWND=24 时出现网络拥堵，此时将慢开始限制值 ssthresh 折半，即设定 ssthresh=12，阻塞窗口再次初始化为 1，并采用慢开始策略。当 CWND=ssthresh=12 时，改为执行拥塞避免算法，拥塞窗 13 按照线性规律增长。

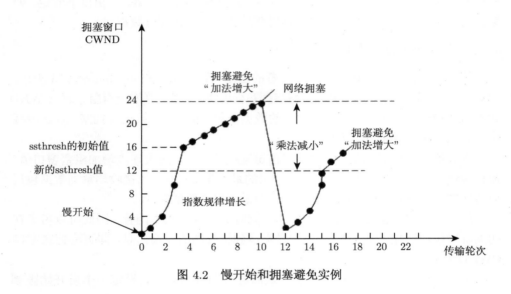

图 4.2　慢开始和拥塞避免实例

4.2.2　快重传和快恢复

当发送方迟迟没有收到来自接收端的确认报文，即等待时间已经超过设置的超时计时器限制，这种情况很有可能是因特网中发生了阻塞，导致数据包在互联网中丢失。此时，如果 TCP 将阻塞窗口 CWND 直接减少至 1，并实行慢开始策略，并将慢开始限制值 ssthresh 折半，这相当于 TCP 重新初始化传输信道，效率太低。

正因如此，才有了快重传算法。快重传算法为了让传送端早些知道有报文段在网络传送过程中丢弃，而没有到达另一方，因此必须让接收端每得到一个无序的报文段后就立刻发出报文认定是否重复，而不是等待自己发送数据包，同时夹带确认报文[5]。

采用快重传后，还需要采取快恢复算法，即当传送端持续收到三个一样的数据分组的确认后，确定网络超时出现拥塞，实施"乘法减小"策略，将慢开始限制 ssthresh 折半。接下来不是将阻塞窗口 CWND 置为 1 实行慢开始策略，而是将阻塞窗口 CWND 的值置为 ssthresh 折半后的，然后实行拥塞避免策略，即"加法增大"方式，让拥塞窗口慢慢以线性规律的形式增加，其拥塞控制流程如图 4.3

所示。

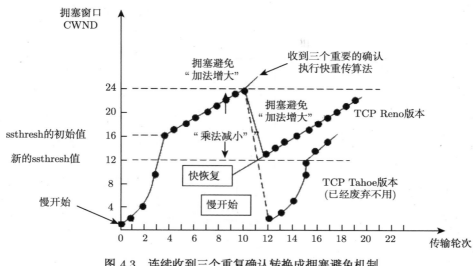

图 4.3 连续收到三个重复确认转换成拥塞避免机制

4.3 TCP 友好拥塞控制算法

TCP 提供端到端的可靠服务和 QoS，其拥塞控制机制是端到端吞吐量控制的最重要方式，所以起初对于拥塞控制机制的探究大部分都是围绕 TCP 的拥塞控制来进行的。

TCP 的拥塞控制对报文往返时间、数据包大小和网络阻塞程度，发送端都能进行相应的反馈处理，因此在某种程度上保证给接收端分派同等的网络带宽，确保所有客户的公平性[6]。

伴随着因特网的飞速普及，各种应用程序层出不穷，流式传输技术成为网络传输的中流砥柱。为了保证服务质量和接收端的实时观看，发送数据包时尽量采取拥塞控制策略来保证传输数据分组速率的稳定。

当互联网丢包超时发生阻塞时，TCP 数据流通过拥塞控制机制来减小分组的传送速度，会引起传输报文段获得不同的网络资源[7]。因此近些年来，研究人员提出了很多基于 TCP 的新的拥塞控制机制[8-10]，以及相关的拥塞控制算法的研究[11,12]，来保证 TCP 传输数据的兼容性和友好性。

图 4.4 是基于 TCP 的端到端的流式传送拥塞控制系统架构[13]。

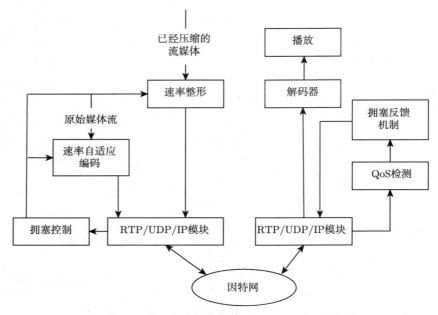

图 4.4   基于 TCP 的端到端的流式传送拥塞控制系统架构

4.3.1   基于探测的拥塞控制

基于探测的速率控制算法适合采取单播和组播形式的流式传送，而且实现起来很简单。按照传送端调节的不同方式，采用探测形式的速度控制算法可以分成两种，分别是 AIMD(additive increase multiplicative decrease) 型方法和 MIMD(multiplicative increase multiplicative decrease) 方法 [14]。AIMD 被称作 "加性加，积式减"，MIMD 被称作 "积式加，积式减"。目前比较成熟的算法有以下两种。

1) RAP

Rejaie 联合众多学者提出了一种适用于单播的 AIMD 方案，称为速率适应协议 (rate adaption protocol，RAP)。RAP 传送端传送的信息包都是有序的，数据流分组到达客户端后，客户端发出响应报文段 ACK，传送端按照反馈报文 ACK 来判断流式传输过程中网络丢包状况，并计算得到传输数据包的往返时间 RTT。

RAP 传送端采取 AIMD(a, b) 算法，当网络阻塞时，发送速度折半。没有网络延迟和拥塞时，每一个 RAP 周期内发送速率按照线性规律增加一个数据包。RAP 采用一个精确增益速度适配算法，以此来消弭发送速率剧烈抖动带来的不良影响。

2) LDA

LDA 算法即丢失延迟适应性算法，是依赖于传送端的解决策略。LDA 获得接收端的丢包和 RTT 等信息，是通过 RTP 来实现的，而网络中的丢失和延时报文段是包含在 RTCP 报文中的。与此同时，RTP 还可以预估实时传输线路的宽带限制，传送端按照这些反馈信息来自动调节发送速度。

LDA 也是基于 MMD 机制的，决定发送速率是增加还是减小，这取决于当前的网络状态。通常情况下，流媒体传输能够根据传输往返延迟和数据流分组长度来适当增加带宽。如果因特网中数据包被丢弃，则按照一定的拥塞控制策略来预估网络传送链路的承受能力来适当减小带宽。

无论是 RAP 还是 LDA 机制，都是模仿 TCP 拥塞控制，目的还是为了实现 TCP 传输过程中数据包可以平等地享有带宽资源。发生拥塞时，TCP 会让传输速率减半，这会造成网络状态的剧变，这明显不适合多媒体视频的流式传输，会导致客户端声音和图像的剧烈变化，带给用户非常糟糕的视觉享受与不适应感。

目前普遍的解决方案是在流媒体服务器端创建缓冲区域，利用缓冲机制来缓和传输速率的瞬间变化，使数据流平滑地传送到用户端流媒体播放器。当然，引入缓冲机制会导致发送端到接收端的传输时延增加。

4.3.2 基于模型的拥塞控制

基于模型的拥塞控制方法依赖于发送端的最大传输速率，现在海内外学者已经发布了许多类型的流式传输拥塞控制策略，其中 Floyd 提出的 TFRC(友好拥塞控制) 算法已经得到普遍的认同，并已经成为流式实时传输 RFC-3448 标准之一。该拥塞控制方案的优势在于传送端速度平稳，便于调整和控制。

TFRC 算法是一种基于公式的拥塞控制模型，分析 TCP 拥塞控制机制后，创建 TCP 的吞吐量数学模型。传送端按照接收端按时地反映报文 ACK，推算出往返时间 RTT、超时重传时延 RTO 和数据包丢失率 P，然后按照 TCP 的吞吐量模型公式计算出的值动态调节传送速度，在网络带宽自适应的前提下提供相对稳定的发送速率，从而保证 TCP 流的公平性和友好性。

1. TFRC 拥塞控制机制基本工作流程

(1) 客户端接收分组包，推算出丢包率 P，然后把 P 值和时间戳信息反映给传送端；

(2) 传送端从反映报文 ACK 中得到丢包率 P 和时间戳信息，利用时间戳信息演算出数据包的来回传输时间 RTT；

(3) 将丢包率 P、往返时间 RTT 以及数据包的分组长度 S 代入 TFRC 吞吐量数学模型，计算当前传输链路可以获得的传输速度；

(4) 通过比较上次发送速率，发送端调整发送码率，并以当前速率发送数据包。

在以上步骤中，(1) 和 (2) 是最为关键的，只有让接收方按时反馈丢包率信息和时间戳信息，后续才能计算通信链路吞吐量和传输速率，以此来调整发送速率，保证传输速率的平滑性。

传送端传送的分组包数据结构如下:

```
typedef struct_sendPacket{
unsigned long seq; //数据分组序列号
time_t RTT: //往返时间,单位ms
byte p_data; //数据
}Sends;
```

接收端传送的反馈分组包数据结构如下:

```
typedef struct_feedbackPacket{
time_t t_recvdata; //接收到数据包的时间
time_t t_delay: //处理延时
unsigned long x_recv; //数据接收速率
double p; //丢包率
}Feedbacks;
```

接收端在取到首个分组包后,实行初始化工作,其流程如图 4.5 所示。

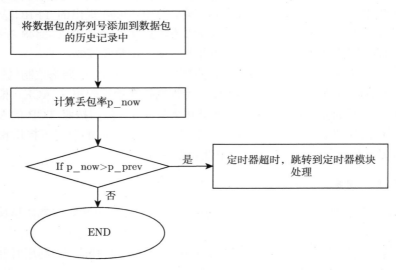

图 4.5   接收端接收到数据包分组后初始化工作流程

客户端对定时器超时的处理是按照以往传送的反映分组包信息 ACK 是否收到分组包为标准来单独操作。如果未取得分组包,那么客户端不反馈分组包,只需要重新设置定时器的超时时长[15];反之,若收到数据,则处理步骤如下:

(1) 计算信息流包的平均丢包率 P;

(2) 计算数据包的接收速率:

$$x_{\text{recv}} = \frac{S_{\text{recv}}}{R - t_{\text{delay}}} \tag{4.1}$$

式中, S_{recv} 为已经接收到的数据包数量, t_{delay} 为延时, R 为往返时间 RTT;

(3) 发送反馈数据包;

(4) 重置定时器, 在 $R - t_{\text{delay}}$ 后超时。

2. TFRC 拥塞控制的吞吐量的数学模型

该数学模型表示如下:

$$T = \frac{S}{R\sqrt{\frac{2}{3P}} + t\left(3\sqrt{\frac{3P}{8}}\right)P\left(1 + 32P^2\right)} \tag{4.2}$$

式中各参数含义如下。

T: 吞吐率 (bit/s);

S: 数据包大小 (bit);

R: 往返时间 RTT(s);

t: 重传时间 RTO(s);

P: 丢包率, $0 < P < 1$ 。

当分组包较少、分组长度均匀时, TFRC 的吞吐量数学公式可以近似简化如下:

$$T = \frac{1.22 \times S}{R \times \sqrt{P}} \tag{4.3}$$

对于一般的流媒体视频, 数据包分组长度并不是不变的, 因此在式 (4.2) 中, S 采取数据包分组的平均长度, 这可以利用低通滤波器来实现:

$$S_{\text{avg}} = (1 - \alpha) \times S_{\text{avg}} + \alpha \times S \tag{4.4}$$

上式中, 为了得到较快的收敛速率和不错的降噪性能, α 一般取 1/16。

一般来说, RTT 往返时间间隔大约是 70ms, 数据包分组长度 S 大约为 1200 字节, 当往返时间 RTT 和分组长度 S 保持不变时, 可用带宽即网络通信链路的吞吐量 (network bandwidth) 是丢包率 P 的函数, 如图 4.6 所示。

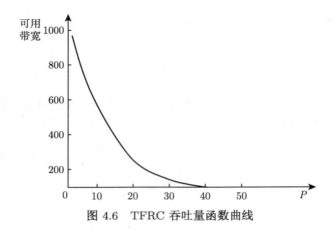

图 4.6   TFRC 吞吐量函数曲线

图 4.6 中，横轴为丢包率 P，单位取%；纵轴为可用网络带宽，单位取 bps。

将 TFRC 吞吐量数学模型应用于流媒体传送拥塞控制机制时，带宽预测模型与 TCP 吞吐量公式的数学模型一致，可保持 TCP 传输流的公平性和亲和性。

1) 传输往返时间 R 的获取

R 为 TFRC 传输往返时间，只需要将延迟 t_{delay} 的报文段加入反馈报告，t_{delay} 的形成是由于接收端收到若干个 RTCP 实时传输控制包，还需要等待一段时间生成 RTCP 报告并发送时间戳。接收方得到数据包后测量数据丢包率，向传送端反映报文时间戳和网络时延信息，传送端按照反映过来的时间信息，用以下公式推算当前的来回时间 RTT：

$$R_{\mathrm{sample}} = (t_{\mathrm{now}} - t_{\mathrm{send}}) - t_{\mathrm{delay}} \tag{4.5}$$

式中，t_{now} 指数据包到达时刻的时间戳；t_{send} 指数据包刚开始传送时刻的时间戳；t_{delay} 指数据包在网络中的延迟；R_{sample} 指当前数据包的来回时间 RTT，R 取 R_{sample} 的平均值。

由于 R 没有初始值，对以上公式修正如下：

$$\begin{cases} R_0 = R_{\mathrm{sample}}, i = 0 \\ R_i = q \times R_{i-1} + (1 - q) \times R_{\mathrm{sample}}, i \geqslant 1 \end{cases} \tag{4.6}$$

式中，TFRC 的吞吐量 T 对系数 q 并不敏感，一般 q 取 0.95。

2) 丢包率 P 的获取

在 TFRC 的吞吐量计算模型中，速度的变动是否平滑，丢包率 P 的大小变更极其关键。因此，P 的计算有对应的概率计算方法，而且比较复杂。

TFRC 对丢弃数据包的检查是通过包的序列号来判别的，任何一个包的序列号都不相同，而且序列号单调递增。

确定数据包丢弃的策略如下：如果在包丢失后最少有一个序列号比它大的三个包早抵达，这样就认定该包分组已经在传输过程中丢失。这样，应用程序就可以对失序的数据分组进行超时重传，有效增强传输的稳定性。

在 TFRC 中，两个连续分组丢失事件的第一个分组序列号之差被称为丢失事件间隔。因此，两个丢失事件 S_{new} 和 S_{old} 的丢失间隔可以表示为

$$S = S_{\text{new}} - S_{\text{old}} \tag{4.7}$$

式中，S_{new} 指目前丢弃包序号；S_{old} 指上一个丢弃包序号；S 表示丢失事件间隔。

TFRC 吞吐量计算的数学模型致力于确保吞吐量的稳定性，要求丢包率 P 平稳变动，所以要求丢包率 P 的丢包事件间隔也要保持变动的平滑性。在 TFRC 模型中，丢包率 P 采用了加权平均丢失事件间隔的倒数：

$$P = \frac{1}{s_{\text{mean}}} \tag{4.8}$$

式中，s_{mean} 是 S 的加权平均值。这里为了方便起见，采用 S 代替 S_{mean}。

S 采用加权平均计算，公式如下：

$$\bar{s} = \frac{\sum\limits_{i=1}^{n} w_i s_i}{\sum\limits_{i=1}^{n} w_i}, 1 \leqslant i \leqslant n \tag{4.9}$$

式中，s_i 为第 i 段丢失事件间隔；w_i 为 s_i 的权重；n 是离近期丢失事件最近的 n 个丢失事件间隔，依靠加权均匀移动所得，n 的取值体现了 TFRC 对网络堵塞的响应的灵敏程度。一般地，取 $n=8$。

权重 w_i 的计算公式如下：

$$\begin{cases} w_i = 1, 1 \leqslant i < n/2 \\ w_i = 1 - \dfrac{i - \dfrac{n}{2}}{\dfrac{n}{2} + 1}, n/2 \leqslant i \leqslant n \end{cases} \tag{4.10}$$

这种算法的优点是，当流媒体传输没有发生网络拥塞时，即丢包率较低时，可以清晰地了解丢失事件间隔。同时，当前丢失的数据包分组的丢失事件间隔与上一个丢失事件间隔具有局部的连续性，这样可以避免单个丢失事件间隔变化很大，丢包率 P 大幅波动，因此能够获得比较平稳的吞吐量。

4.4　基于 TCP 友好速率控制策略 TFRC 算法的改进

传统的 TFRC 算法是基于数学模型的, 吞吐量是由丢包率、数据包分组长度计算得来的, 能够较好地反映网络传输波动的平均性能。但是, 其丢失事件间隔只是简单地采取加权平均, 前半部分分组数据包的权重为 1, 后半部分权重不断减小, 这不能真实地反映网络拥塞时传输速率波动的局部特征和集中趋势。因此, 本书在原有的 TFRC 算法的基础上改进了平均丢失事件间隔和分组权重的计算方式, 以此来获得更低更稳定的丢包率。

4.4.1　平均丢失事件间隔计算方式的改进

1. 关于中位数的计算

从统计学角度讲, 中位数比平均数更能真实反映样本的数据集中趋势, 平均数更容易受极大值、极小值和噪声数据的干扰, 而中位数不会, 更具有代表性。对于有限的数集, 按照从小到大的次序排列, 中间位置的元素就是中位数。如果观察值有偶数个, 可以考虑取中间位置的两个数的平均值为中位数。

对于样本 $X_1, X_2 \cdots X_n$, 重新按照从小到大排序, 序列记为 $X_{(1)}, X_{(2)} \cdots X_{(n)}$, 中位数为 E, 则中位数 E 的计算公式如下:

当 n 为奇数时, 有

$$E = X_{\left(\frac{n+1}{2}\right)} \tag{4.11}$$

当 n 为偶数时, 有

$$E = \frac{X_{\left(\frac{n}{2}\right)} + X_{\left(\frac{n+1}{2}\right)}}{2} \tag{4.12}$$

当样本中有大量数据重复时, 记每个元素重复次数为 f, 则中位数可以按照以下方式计算:

当 n 为奇数时, 有

$$E = \frac{\sum f}{2} \tag{4.13}$$

当 n 为偶数时, 中间位置的元素是 $E = \dfrac{\sum f}{2}$, $E = \dfrac{\sum f + 1}{2}$, 因此

$$E = \frac{\dfrac{\sum f}{2} + \dfrac{\sum f + 1}{2}}{2}$$

即

$$E = \frac{2\sum f + 1}{4} \tag{4.14}$$

2. 改进后的计算丢失事件间隔的算法

在流媒体实时传输过程中,分组数据包是按照先后时间次序发送的,因此当网络传输发生拥塞时,丢失事件间隔也是有序的,因此可以考虑使用丢失事件间隔 S 的中位数来代替其平均数。

为了防止连续的几次分组丢失事件间隔过大而影响中间位置的中位数,进一步减小只计算一次中位数带来的误差,采用中位数的中位数来代替丢失事件间隔平均值。算法步骤如下:

(1) 将所有的传输数据包分组,5 个一组,不足 5 个的忽略,对每个分组分别求中位数;

(2) 将步骤 (1) 中的所有中位数移到整个序列的前面,对这 $n/5$ 个中位数递归调用步骤 (1) 的方法计算中位数 E;

(3) 将步骤 (2) 中计算得到的中位数 E 作为整个数据包序列的中位数。

对于分组数据包序列 $X_1, X_2 \cdots X_n$,记中位数为 $e\{X_1, X_2 \cdots X_n)$,那么

$$E_n = e\{X_1, X_2 \cdots X_n\} \tag{4.15}$$

由步骤 (1),数据包分组按照 5 个一组来划分,则每个分组的中位数计算方式如下:

$$E_{i/5} = e\left\{X_{(i/5*5-4)}, X_{(i/5*5-3)} \cdots X_{(i/5*5)}\right\}, 1 \leqslant i \leqslant n \tag{4.16}$$

因此,按照步骤 (2) 计算整个数据包分组的中位数,即整个序列中位数的中位数为

$$E_n = e\{X_1, X_2 \cdots X_{n/5}\} \tag{4.17}$$

3. 中位数的中位数算法伪代码

以下是计算数组s[]的中位数的中位数算法源代码:

```
int Median(int s[], int left,int right,int i)//求数组s下标left到
    right的第i个数
{
if(right-1eft+1$<$=5)//如果数组元素不超过5个, 直接排序得到结果
{
insertionSort(s, left, right); return s[1eft+i-1];
}
int t=left-1; //当前替换到前面的中位数的下标
for(int start=left,end; (end=start+4)<=right; start+=5)//
    每5个进行处理
{
```

```
insertionSort(s, start,end); //每个分组5个元素的排序
t++; swap(s[t], s[start+2]); //将中位数替换到数组前面，便于递归
    求取中位数的中位数
}
int pivot=(1eft+t)>>1; //left到t的中位数的下标作为主元的下标
Median(s, left,t, pivot-left+1); //不关心中位数的值，保证中位数
    在正确的位置
int m=partition(s, left, right, pivot), cur=m-left+1;
if(i==cur) return s[m]; //刚好是第i个数
else if(i<cur)return Median(S,left,m-le1t,i); //第i个数在左边
else return Median(S,m+left,right,i-cur); //第i个数在右边
}
```

其中，partition()函数可以通过改进快速排序的划分函数得到。把整个数据包分组序列的中位数的中位数 E 作为轴值进行划分，并返回一个下标pivot，pivot左边的元素均小于 E，pivot右边的元素都大于或者等于 E。

对于第 k 个元素，$1 \leqslant k \leqslant n$，有：①若pivot==k，返回E；②若pivot<k，在小于 E 的元素中递归查找第pivot小的元素；③若pivot>k，在大于等于 E 的元素中递归查找第pivot-k小的元素。

划分函数partition()的伪代码如下：

```
int partition(int s[], int left, int right, int pivot)
//对数组s下标从left到right的元素进行划分
{//以pivot所在元素为划分轴值
swap(s[pivot], s[right]);
int j=left-1; //左边数字最右的下标
for(int i=left; i<right; i++)
if(s[i]<=s[right])
swap(s[++j], s[i]);
swap(s[++j], s[right]);
return j;
}
```

4. 中位数的中位数算法时间复杂度的分析

1) 时间复杂度 $T(n)$

划分数组s[]时一个分组 5 个元素，并以此作为每个分组的中位数，总共得到 $n/5$ 个中位数，然后递归求取中位数，时间复杂度为 $T\left(\dfrac{n}{5}\right)$。

将得到的中位数的中位数 E 作为轴值划分整个数组序列，在 $n/5$ 个中位数中，轴值 E 大于其中 $\frac{1}{2} \times \frac{n}{5} = \frac{n}{10}$ 的中位数，每个中位数在每个分组中大于或等于 3 个元素，因此中位数的中位数 E 至少大于整个数组所有元素中的 $\frac{n}{10} \times 3 = \frac{3n}{10}$ 个。

同样，作为划分的轴值 E，至少小于或者等于所有元素中的 $\frac{3n}{10}$ 个，即将中位数的中位数作为轴值划分之后，E 两边的长度至少都占 $\frac{3}{10}$。考虑最坏情况，每次都选择 $\frac{7}{10}$ 那部分，那么递归的时间复杂度为 $T\left(\frac{7n}{10}\right)$。

在每 5 个元素的分组中位数和划分函数partition()中进行若干次线性扫描，其时间复杂度为 $c \cdot n$。故此，中位数的中位数 Median 算法总的时间复杂度为

$$T(n) \leqslant T\left(\frac{n}{5}\right) + T\left(\frac{7n}{10}\right) + c \cdot n \tag{4.18}$$

假设

$$T(n) = x \cdot n \tag{4.19}$$

式中，x 不一定为常数。将式 (4.19) 代入式 (4.18) 中，可得

$$x \cdot n \leqslant x \cdot \frac{n}{5} + x \cdot \frac{n}{10} + c \cdot n \tag{4.20}$$

化简得知

$$x \leqslant 10 \cdot c \tag{4.21}$$

于是，x 与 n 无关。故而，中位数的中位数算法时间复杂度为

$$T(n) \leqslant 10 \cdot c \cdot n \tag{4.22}$$

因此，$T(n)$ 为线性时间复杂度，而这还是在最坏情况下，因此中位数的中位数 Median 算法时间复杂度为

$$T(n) = O(n) \tag{4.23}$$

2) 关于分组长度取 5 的分析

对于中位数的中位数计算，采取奇数划分分组计算比较简单，如果采取偶数划分，中间位置将有两个元素，难以确定到底将哪个作为当前小组的中位数，然后参与到下一轮的计算。

采取奇数划分小组时，如果选用 3，那么时间复杂度为

$$T(n) = T\left(\frac{n}{3}\right) + T\left(\frac{2n}{3}\right) + c \cdot n \tag{4.24}$$

此时，中位数的中位数算法时间复杂度为

$$T(n) = O(n \cdot \lg n) \tag{4.25}$$

当选用 5 时，时间复杂度为

$$T(n) = T\left(\frac{n}{5}\right) + T\left(\frac{7n}{10}\right) + c \cdot n \tag{4.26}$$

由于 $\dfrac{1}{5} + \dfrac{7}{10} < 1$，则有 $T(n) = O(n)$。

如果选用 7、9、11 插入排序时，扫描耗费的时间更多，$c \cdot n$ 中的 c 变得很大，得不偿失。

综上可知，基于中位数的中位数算法，每个分组采取 5 元素一组，然后计算每个分组的中位数，然后计算 $n/5$ 个中位数的中位数，将最终的中位数的中位数 E 作为划分标准，用 E 代替丢失事件间隔的平均值更能反映网络传输速率的波动特征和集中趋势。

4.4.2　分组数据包权重计算方式的改进

1. 改进前后分组权重计算方式的对比

在传统的 TFRC 模型中，权重 w 是由公式计算所得的。由式 (4.8) 和式 (4.9)，可得丢包率 P 的计算公式为

$$P = \frac{\displaystyle\sum_{i=1}^{n} w_i}{\displaystyle\sum_{i=1}^{n} w_i s_i}, 1 \leqslant i \leqslant n \tag{4.27}$$

式中，s_i 是第 i 段丢失事件间隔；w_i 是 s_i 权重。化简整理 w_i 的计算公式 (4.10) 可得

$$\begin{cases} w_i = 1, 1 \leqslant i \leqslant n/2 \\ w_i = -\dfrac{2}{n+2}i + \dfrac{2n+2}{n+2}, n/2 < i \leqslant n \end{cases} \tag{4.28}$$

其函数曲线如图 4.7 所示。

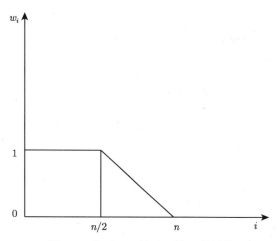

图 4.7 权重 w_i 关于 i 的函数图像

由图 4.7 可知，当 $1 \leqslant i \leqslant n/2$ 时，$w_i=1$ 保持不变；当 $n/2 < i \leqslant n$ 时，w_i 是关于 i 的一元线性函数，斜率为 $-\dfrac{2}{n+2}$，可知 w_i 随着 i 的增加而递减。

但是，按照上式中的计算方法所得的丢包率 P 并非最小，其实还可以进一步缩小。为了提高 TFRC 吞吐量，即降低丢包率 P，先不采取公式中的计算方法，而是根据丢失事件间隔 s_i 来确定其 w_i，即权重 w_i 是按照丢失事件间隔 s_i 的比例来分配的，计算公式如下：

$$w_i = \frac{s_i}{\sum\limits_{i=1}^{n} s_i}, 1 \leqslant i \leqslant n \tag{4.29}$$

此时，有

$$\frac{w_i}{s_i} = \frac{1}{\sum\limits_{i=1}^{n} s_i}, 1 \leqslant i \leqslant n \tag{4.30}$$

即当 $1 \leqslant i \leqslant n$ 时，$\dfrac{w_i}{s_i}$ 均相等，结果为定值。

2. **数学分析与证明**

为了验证该方法的权重 w_i 计算方式可以降低丢包率 P，现构造关于 X 的一元二次函数如下：

$$y = \sum_{i=1}^{n} (w_i x - s_i)^2, 1 \leqslant i \leqslant n \tag{4.31}$$

化简并整理得

$$y = \sum_{i=1}^{n} w_i^2 x^2 - 2\sum_{i=1}^{n} w_i s_i x + \sum_{i=1}^{n} s_i^2 \tag{4.32}$$

由式 (4.21) 所知，$y \geqslant O$ 恒成立，同时，公式为开口向上的抛物线，位于 X 轴上方，与 X 轴最多一个交点，函数曲线如图 4.8 所示。

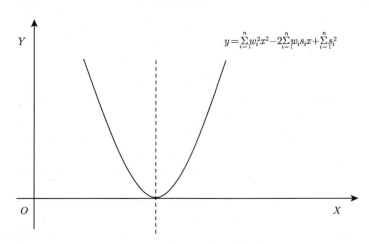

$$y = \sum_{i=1}^{n} w_i^2 x^2 - 2 \sum_{i=1}^{n} w_i s_i x + \sum_{i=1}^{n} s_i^2$$

图 4.8　y 关于 x 的函数曲线

故 $\Delta_y = \left(-2 \sum_{i=1}^{n} w_i s_i\right)^2 - 4 \sum_{i=1}^{n} w_i^2 \sum_{i=1}^{n} s_i^2 \leqslant 0$，整理得 $\left(\sum_{i=1}^{n} w_i s_i\right)^2 \leqslant \sum_{i=1}^{n} w_i^2 \sum_{i=1}^{n} s_i^2$，

因此 $\sum_{i=1}^{n} w_i s_i \leqslant \sqrt{\sum_{i=1}^{n} w_i^2 \sum_{i=1}^{n} s_i^2}$。

代入式 (4.27)，可得

$$P = \frac{\sum_{i=1}^{n} w_i}{\sum_{i=1}^{n} w_i s_i} \geqslant \frac{\sum_{i=1}^{n} w_i}{\sqrt{\sum_{i=1}^{n} w_i^2 \sum_{i=1}^{n} s_i^2}} \tag{4.33}$$

当且仅当 $\sum_{i=1}^{n} w_i s_i = \sqrt{\sum_{i=1}^{n} w_i^2 \sum_{i=1}^{n} s_i^2}$ 时等号成立，即 $\left(\sum_{i=1}^{n} w_i s_i\right)^2 = \sum_{i=1}^{n} w_i^2 \sum_{i=1}^{n} s_i^2$，

此时 $\Delta_y = \left(-2 \sum_{i=1}^{n} w_i s_i\right)^2 - 4 \sum_{i=1}^{n} w_i^2 \sum_{i=1}^{n} s_i^2 = 0$。

令式 (4.31) 中 $x = \dfrac{w_i}{s_i} = \dfrac{1}{\sum_{i=1}^{n} s_i}$，那么此时 $y = 0$ 恒成立，$\Delta_y = 0$ 亦恒成立。因

此当 $x = \dfrac{w_i}{s_i}(1 \leqslant i \leqslant n)$ 时，式 (4.33) 等号成立。

当 $\dfrac{w_i}{s_i}\ (1 \leqslant i \leqslant n)$ 都相等时，也就是 $w_i = \dfrac{s_i}{\sum\limits_{i=1}^{n} s_i}(1 \leqslant i \leqslant n)$ 时，数据流分组丢

包率 P 可以取最小值：

$$P = \frac{\sum\limits_{i=1}^{n} w_i}{\sqrt{\sum\limits_{i=1}^{n} w_i^2 \sum\limits_{i=1}^{n} s_i^2}}, 1 \leqslant i \leqslant n \tag{4.34}$$

将 $w_i = \dfrac{s_i}{\sum\limits_{i=1}^{n} s_i}$ 代入公式，丢包率 P 的最小值为

$$P_{\min} = \frac{\sum\limits_{i=1}^{n} \dfrac{s_i}{\sum\limits_{i=1}^{n} s_i}}{\sqrt{\sum\limits_{i=1}^{n} \left(\dfrac{s_i}{\sum\limits_{i=1}^{n} s_i}\right)_i^2 \sum\limits_{i=1}^{n} s_i^2}}, 1 \leqslant i \leqslant n \tag{4.35}$$

综上所述，按照丢失事件时间间隔 s_i 的比例来计算权重心 w_i 时，能够获得更低的丢包率 P，从而 TFRC 算法能获得更好的吞吐量 T。

4.4.3 仿真实验

对于改进的 TFRC 算法，本章采用加州大学伯克利分校的开源网络技术测试软件 NS2，对改进的 TFRC 算法进行友好性、平稳性还有网络变化的敏感程度测试，并与 TCP 和原有的 TFRC 算法比较。

1. 模拟实验的网络传输环境

本书采用普通的哑铃型网络传输链路进行模拟实验，以下是其简单的网络拓扑结构布局，如图 4.9 所示。

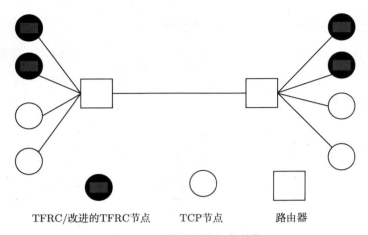

图 4.9　哑铃型网络拓扑结构

对于流媒体实时传输应用，假定延迟变化为 1~4ms。所有的包分组的长度都取 300B，每当过 10ms 发送一个包，一次模拟试验时间为 300s，取 6 次实验的平均值作为最终的实验结果。横轴表示时间 t，采取对数增长方式；纵轴表示传输速率，单位为 kbps。

2. 实验对比

改进的 TFRC 与 TCP 发送速率比较如图 4.10 所示。

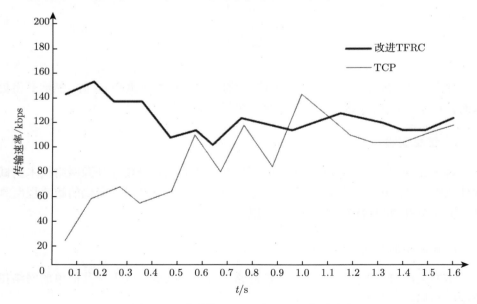

图 4.10　改进的 TFRC 与 TCP 发送速率

改进的 TFRC 算法与传统的 TFRC 算法发送速率比较如图 4.11 所示。

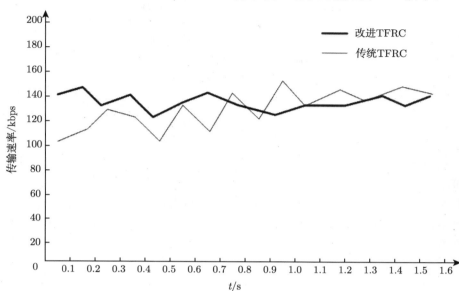

图 4.11 改进的 TFRC 算法与传统的 TFRC 算法发送速率

4.4.4 实验结果分析与总结

1. 实验结果分析

(1) 表 4.1 是 TCP 和改进 TFRC 算法 6 次实验采集数据的平均值。

表 4.1 TCP 与改进的 TFRC 算法 6 次实验采集数据的平均值

算法	不同时刻 (单位: s) 对应数据包传输速率 (单位: kbps)															
	0	0.1	0.3	0.5	0.68	0.78	0.85	0.91	0.96	1	1.2	2.1	7	10	76	100
TCP	23	60	81	65	76	130	92	140	96	178	148	130	125	121	132	138
改进 TFRC	150	161	146	136	106	103	103	126	118	113	123	128	125	115	112	124

表 4.1 中, 为了更加清晰地反映速率的波动性和变化特征, 自变量时间 t 采取对数形式增长, 同时观察值尽量分布在 $[0, 1]$ 之间。

在流媒体传输初始化阶段, 传输链路中没有发生拥塞, 采用改进的 TFRC 算法, 数据流的发送速率, 基本稳定在 140kbps 附近。而 TCP 数据流采取慢启动策略, 很快上升到 120kbps。当 $t = 1.0$s 时, 网络开始出现堵塞, 改进的 TFRC 算法采取对应的拥塞控制策略, 传输速率会有所降低, 但是与 TCP 数据流相比, 波动较小, 平滑很多, 充分体现了改进的 TFRC 在传输流媒体过程中保证传输速率的平滑性和友好性。

(2) 表 4.2 是 TFRC 和改进的 TFRC 算法 6 次实验采集数据的平均值。

表 4.2　TFRC 与改进的 TFRC 算法 6 次实验采集数据的平均值

算法	不同时刻 (单位: s) 对应数据包传输速率 (单位: kbps)															
	0	0.1	0.3	0.5	0.68	0.78	0.85	0.91	0.96	1	1.2	2.1	7	10	76	100
TFRC	83	93	115	103	76	120	87	135	106	142	127	136	125	135	143	138
改进 TFRC	138	150	126	138	112	129	136	126	118	114	123	128	125	137	125	135

表 4.2 中，为了更加清晰地反映速率的波动性和变化特征，自变量时间 t 采取对数形式增长，同时观察值尽量分布在 $[0, 1]$ 之间。

从图 4.5 可以看出，在流式传输过程中，TFRC 算法采取和 TCP 相似的慢启动策略，初始发送速率相对于改进的 TFRC 算法还是较低。当 $t = 1.0s$ 时，发生网络拥塞，传统的 TFRC 算法在较短的时间内保持发送速率的稳定，但是其传送速度波动比改良后的 TFRC 算法更加显著，改良优化后的 TFRC 算法在传输过程中数据流的波动更小，更加平滑。

2. 实验结果总结

因特网上的流媒体传输以保证可靠的传输服务 QoS 和公平友好的 TCP 流为主要目标，来提高网络带宽和端系统的利用率。本书针对传统的 TCP 友好速率控制算法，在保证其吞吐量的数学模型和计算方式不变的前提下，按照丢失事件间隔的比例来计算其权重，获得了丢包率在当前网络环境下的最小值。

改进后的 TFRC 算法在一定程度上提升了实时流媒体传输的吞吐率，减少了接收端的时延，同时比传统的 TFRC 算法更能维持传输速率的平滑性，保证了平滑友好的 TCP 流和 TFRC 数据流传输，从而确保了流媒体实时传输的 QoS。

4.5　本 章 小 结

本章基于对流媒体传输技术原理的深入研究，提出了基于 TFRC 的改良优化算法，比较深入地探讨了流媒体传送的原理和核心技术，并作了系统的描述和对比；综合介绍了网络拥塞的相关技术和概念，以及 TCP 拥塞控制策略，比较了各种拥塞控制方式的优缺点；比较和分析了各种流媒体传输拥塞控制机制，并在 TCP 友好速度控制策略 TFRC 算法的基础上提出了改进算法，改进了平均丢失事件间隔和分组数据包的权重的计算方式；利用数学证明验证了其正确性与完备性，并完成了相关的仿真实验和数据采集，综合比较了与传统的 TCP 和 TFRC 算法在维持发送速率平滑性方面的区别，从而体现出改善后的 TFRC 算法的有效性与适用性。

参 考 文 献

[1] PETERSON L L, DAVIE B S. Computer Networks: A System Approach[M]. Saarbrücken: LAP Lambert Academic Publishing, 2000.

[2] 林闯, 单志广. 计算机网络的服务质量 [M]. 北京: 清华大学出版社, 2004.

[3] FLOYD S, HANDLEY M, PADHYE J, et al. Equation-based congestion control for unicast applications: the extended version[J]. ACM SIGCOMM Computer Communication Review, 2000, 30(4): 43-56.

[4] 谢希仁. 计算机网络 [M]. 4 版. 北京: 电子工业出版社, 2003.

[5] 哈渭涛, 陈莉萍. 利用新的模糊免疫分类器的评价模型设计 [J]. 电子设计工程, 2011, (4): 10-12+16.

[6] PADHYE J, FIROIU V, TOWSLEY D, et al. Modeling TCP throughput: a simple model and its empricial validation[J]. ACM SIGCOMM Computer Communication Review, 1998, 28(4): 303-314.

[7] HA W T, ZHANG G J, CHEN L P. Conformance checking and QoS selection based on CPN for Web service composition[J]. International Journal of Pattern Recognition and Articial Intelligence, 2015, 29(2): 1-16.

[8] POURMOHAMMADIFALLAH Y, ASRARHAGHIGHI K, ALNUWEIRI H. Streaming multimedia over the Internet[J]. IEEE Potentials, 2004, 23(1): 34-37.

[9] 哈渭涛, 陈莉萍, 王宇平. 云环境下的服务质量 SLA 违例预测模型 [J]. 西北大学学报 (自然科学版), 2017, 3(47): 375-382.

[10] 李凡, 朱光喜. 多媒体编码新标准——MEPG-4[J]. 计算机与数字工程, 2001, 29(3): 10-13.

[11] SCHULAZRINNE H, CASONER S, FREDERICK R. RFC 3550-1996, RTP: A Transport for Real-Time Applications[S]. USA: IETF, 1996: 13-19.

[12] 姜明, 吴春明, 张昊. TFRC 协议友好性与平稳性改进算法研究 [J]. 电子学报, 2009, 37(8): 1723-1727.

[13] REJAIE R, HANDLEY M, ESTRIN D. Layered quality adaptation for Internet video streaming[J]. IEEE Jourcal on Selected Areas of Commtmications, Special issue on Internet QoS, 2000, 18(12): 2530-2543.

[14] FLOYD S, HANDLEY M, PADAHYE J. A comparison of equation-based AIMD congestion control[EB/OL]. [2013-10-8]. http: //www. aciri. org/tfrc.

[15] 哈渭涛. 云计算中服务质量的概率预测和评估方法研究 [J]. 渭南师范学院学报, 2016, 24(31): 9-13.

第 5 章　流媒体服务器集群负载均衡调度策略

随着 4G 网络的快速发展与广泛普及，以及 5G 网络的起步、网络流量资费的下调，人们体验到了在线观看视频的乐趣。同时智能设备在社会应用层面的普及及智慧城市的兴起，使人们对流媒体服务的需求不断增加。这对流媒体服务器的性能带来了巨大的挑战，越来越多的性能瓶颈出现在服务器端。

流媒体应用有其特点，数据量大、实时性强、对带宽要求较高。随着流媒体需求的增加，多数流媒体服务器因为访问量的指数式增长遇到性能瓶颈，不能及时处理用户的业务请求，导致用户长时间等待，服务质量降低。在这种情况下，如果采取对原有设备进行大规模的硬件升级，以满足用户需求的方案，会造成原设备的资源浪费及增加系统扩展时的开销。因此，如何创建可伸缩的网络服务来满足不断增长的用户需求成为亟待解决的问题。

此类问题一般采用集群 (cluster) 技术来解决。集群技术将分散的服务节点连接起来完成单独服务节点难以高效完成的任务，使得由多个独立服务节点组成的松耦合的集群系统构成类似虚拟服务器。负载均衡是集群系统中的核心技术，负载均衡技术能够将并发用户请求所产生的负载均衡地分配给集群中的服务节点，充分发挥集群的并行处理能力，提高集群的资源利用率及系统的效率。当系统不能满足用户的并发请求时，通过在集群中添加流媒体服务器即可满足预期；同时，如果集群中的某个服务器节点出现故障，集群系统可将该节点的任务迁移到其他节点，而不影响用户业务的正常处理，从而保证集群系统的服务质量。这种方案不但能够满足用户需求，而且能够降低系统扩展时的资源开销。然而对于流媒体这样的大量用户并发访问来说，如果集群系统对负载分配不合理，仍然不能充分利用集群的服务性能。

目前负载均衡算法分为静态和动态两大类。静态负载均衡算法根据集群节点的性能进行负载均衡，没有考虑集群节点运行过程中的负载变化，仅适用于任务相对固定的场景。动态负载均衡算法通过一定方法确定集群节点的负载权值，根据各节点的负载权值进行负载均衡，相比静态负载均衡算法，能够较好地提升集群的负载均衡效果。相比而言，动态反馈负载均衡算法性能更好，该算法每隔固定的负载反馈周期 T 获取集群节点的负载状况，随后更新节点负载权值。此算法虽然考虑了集群节点在运行过程中的负载变化，但是采用固定反馈周期 T，当在周期 T 内集群节点的负载变化较大时，集群节点不能及时更新其负载权值，若此时产生大量并发用户请求, 有可能发生负载倾斜现象, 影响集群系统的服务质量。因此, 本书通过对动态反馈负载均衡算法进行深入分析与研究, 并对其不足之处加以改进, 这对于提升流媒体服务器集群资源利用率及系统效率具有重要的意义。

5.1 集群负载均衡

5.1.1 集群负载均衡概述

集群是一组相互独立的、通过高速网络互联的计算机构成一个组, 并以单一系统的模式加以管理。一个客户与集群相互作用时, 集群像是一个独立的服务器。

集群技术并不是一个全新的概念, 对集群的研究起源于集群系统良好的性能扩展性 (scalability)。提高 CPU 主频和总线带宽是最初提升计算机性能的主要手段, 但是这一手段对系统性能的提升是有限的。接着人们通过增加 CPU 个数和内存容量来提高性能, 于是出现了向量机、对称多处理机 (SMP) 等。但是当 CPU 个数增加到一定数量时, 这些系统的可扩展性变得极差, 主要是因为 CPU 访问内存的带宽并不能随着 CPU 个数的增加而有效增长。

集群拥有以下几点优势。

(1) 高可扩展性: 若系统已不能满足用户需求, 可以通过添加节点服务器来提升系统的处理能力。

(2) 高可用性: 若集群中的一个节点失效, 它的任务可以传递给其他节点, 可有效防止单点失效。

(3) 高性能: 负载均衡集群允许系统同时接入更多的用户。

(4) 高性价比: 可以采用廉价的符合工业标准的硬件构造高性能的系统。

(5) 透明性: 高效地使多个独立服务器构成一个虚拟服务器, 用户与集群系统进行交互时, 就像是与一台高性能、高可用的服务器交互一样, 用户客户端无需作任何修改。集群系统的任务调度不会中断服务, 用户无法觉察到这些变化。

负载均衡是集群系统的核心技术之一。实现集群系统的负载均衡[1] 通常采用负载均衡器 (load balancer) 把客户的任务请求转发给集群系统中的服务器节点来处理, 使整个集群对客户表现为拥有一个 E 地址的虚拟服务器。基本的集群负载均衡结构如图 5.1 所示, 集群将大量客户的任务请求分配给后端的各个集群节点服务器进行处理, 以平衡各个集群节点的负载, 提高集群系统的整体性能。

负载均衡技术是一种实现多个服务器协同工作和并行处理的技术手段, 由一台服务器作为负载均衡器收集网络中所有用户的任务请求, 然后将所有任务合理地分配到各个集群节点上去处理。它包含两层含义:

(1) 为了减少网络拥塞, 减小用户的等待响应时间, 提高服务质量, 把大量用户的并发任务请求平均分摊到多台集群服务器节点去处理。

(2) 在单个任务需要消耗大量系统资源的情况下，将该任务拆分并分配到多台集群服务器节点进行并行处理，当每个节点处理完成后，再将处理结果汇总并返回给用户，从而在很大程度上提高了集群系统的处理能力。

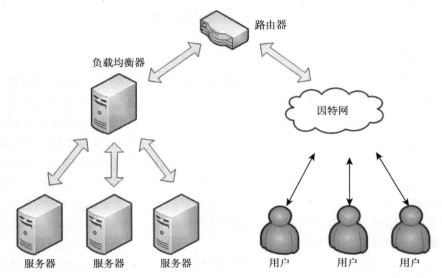

图 5.1　基本的集群负载均衡结构

5.1.2　常用的集群负载均衡软件

目前主流的负载均衡软件有 LVS、Nginx 和 HAProxy。

LVS 是通过结合集群技术和 Linux 操作系统实现的一个高性能、高可用的虚拟服务器。LVS 具有较强的抗负载能力，工作在运输层仅作分发之用，没有流量产生，保证了负载均衡器的 IO 性能不受大流量任务的影响；工作稳定，具有完整的双机热备方案 (如 LVS+Keepalived)，但若应用比较庞大时，LVS+Keepalived 就比较复杂，实施、配置及维护的过程也比较麻烦。LVS 适用于集群负载较大并且对集群的性能以及稳定性要求较高的场景。

Nginx 是一种轻量级的 Web 服务器，可用于反向代理与负载均衡，Nginx 可以作为一个 http 服务器，当网站的访问量达到一定程度后，使用 Nginx 作为集群的反向代理完成集群的负载均衡。Nginx 工作在应用层，主要针对 http 应用做一些分流的策略，相对 LVS 而言，对网络的依赖非常小，理论上若能 ping 通就能够进行负载均衡，且能够承受较高的负载并且稳定，其安装和配置比较简单，测试工作也方便，但是 Nginx 在 Session 保持和 Cookie 引导方面存在一定的缺陷。Nginx 适用于并发访问量一般并且不要求 Session 保持的 Web 服务器。

HAProxy 是一个开源的高性能负载均衡软件，除了支持双机热备、虚拟主机等功能，还支持 Session 保持、Cookie 引导及集群节点的健康检查功能。当集群节点出现故障时，HAProxy 能够自动将故障节点移除，保证集群的服务质量。HAProxy 可以工作在运输层和应用层，能够解决 Nginx 的一些缺点 (如 Session 保持、Cookie 引导)，并且比 Nginx 具有更出色的负载均衡速度，在并发处理上也优于 Nginx。HAProxy 适用于需要保持 Session 且负载较大的 Web 站点，HAProxy 可以支持数以万计的并发连接。上述三种主流的负载均衡软件都拥有较多的负载均衡算法，通常根据不同的业务采用不同的负载均衡算法，下节将介绍常用负载均衡算法的优缺点及其适用场景。

5.2 常用负载均衡算法

目前，国内外大量研究提出了各种负载均衡算法 [2,3] 及其改进算法 [4]，根据负载均衡调度策略的不同，它可以分为静态负载均衡和动态负载均衡两种。

静态负载均衡根据集群系统的基本参数作出相应的调度策略，是一种事先设置好负载分配方法的调度策略，以一种固定的模式将任务请求分配给集群节点服务器进行处理，适用于用户任务明确且固定的情况。静态负载均衡通常在集群系统的执行过程中未考虑集群各节点的实际负载状况，只考虑集群节点总数以及集群各节点的任务处理能力，因此，静态负载均衡不会产生额外的系统开销，但是不能根据集群节点的实际负载状况做出合理的负载调整是它的一个不足之处。

动态负载均衡 [5] 通常根据集群系统当前的实时负载状态进行任务分配，因此能够一定程度地提高集群的系统性能。动态负载均衡的核心任务是如何寻找一个当前负载较轻的节点，并将任务请求交给该节点进行处理，从而提升集群系统性能及资源利用率。相对于静态负载均衡，动态负载均衡具有较大的针对性与灵活性。由于需要定期获取集群各节点的负载状况，所以会产生额外的系统开销，这是动态负载均衡的一个不足之处。

5.2.1 静态负载均衡算法

目前的静态负载均衡算法主要有轮询算法、加权轮询算法、目标地址散列算法等。

1. 轮询算法

轮询算法 (round robin，RR)[6] 的原理是每一次将用户的任务请求轮流分配给集群节点服务器去处理，从 1 开始直到 n (集群系统节点服务器总数)，然后重新开

始循环。该算法将 n 个服务器节点依次编号为 $1, \cdots, n$，表示为

$$\text{num} = (i \bmod n) + 1 \ (i = 1, 2, \cdots) \tag{5.1}$$

当调度服务器接收到编号为 i 的任务请求时，根据式 (5.1) 将该任务分配给编号为 num 的集群节点服务器。

轮询算法假设所有集群节点服务器的处理能力相同，不考虑各节点服务器的当前连接数及响应速度。由于用户发起的任务处理时间有一定的随机性，当集群系统运行一段时间后，采用轮询调度算法容易导致集群负载不均衡。该算法适用于集群所有节点服务器处理能力和性能相同或相差不大并且任务相对固定的情况。

2. 加权轮询算法

轮询算法未考虑各集群节点之间处理性能的差异，在实际情况中，由于每台服务器的配置及安装的业务应用不同，其处理性能会有所不同。所以，根据各节点服务器的处理性能，给每个节点分配不同的权值，使其能够接受其相应权值比的任务请求数，这种改进的算法称为加权轮询算法[7] (weighted round robin，WRR)。

该算法实现起来比较简洁。相对于轮询算法，该算法考虑了各集群节点的处理能力，确保集群的系统资源得到有效利用，避免了低性能节点服务器负载过量。

3. 目标地址散列算法

目标地址散列算法 (destination hashing，DH) 是针对目标 IP 地址的负载均衡算法，该算法根据用户任务请求的目标 E 地址作为散列键 (hash key)，从静态分配的散列表中找出对应的集群节点服务器，若该服务器可用且未过载，则将当前任务转发给该节点服务器进行处理。当集群系统运行一段时间后，有可能导致负载倾斜现象的发生。

5.2.2　动态负载均衡算法

目前的动态负载均衡算法主要有最小连接数算法、加权最小连接数算法、动态反馈算法等。

1. 最小连接数算法

最小连接数 (least connection，LC) 算法以集群节点的任务连接数作为节点的负载性能指标，以此来评判集群节点的负载状况，连接数较少的节点服务器负载较轻，拥有较强的任务处理能力，能较快地处理新的任务请求。该算法要求负载均衡器记录集群各节点服务器当前的任务连接数，当有新的用户任务请求到达时，将该任务请求分配给集群中当前连接数最少的节点服务器进行处理。

在 LC 算法中，负载均衡器实时更新各集群节点的任务连接数。在同构集群中，集群节点的连接数能够反映各节点的真实负载状况，但对于异构集群，由于集群节点的资源配置可能存在较大的差异，并且该算法没有考虑集群节点的处理性能以及任务请求的强度，所以各集群节点的当前任务连接数可能无法反映其真实负载。此时，任务连接数少的集群节点其负载不一定较低，即该节点的任务处理能力不一定较强，因此，对于异构集群，LC 算法不能保证集群的负载均衡效果。由于 LC 没有考虑集群节点处理能力的差异以及任务请求之间的差异，不能准确地判定集群节点的负载状况，所以 LC 算法的使用具有一定的局限性。

2. 加权最小连接数算法

加权最小连接数 (weighted least connection, WLC) 算法 [8,9] 是对最小连接数算法的改进。WLC 算法根据各集群节点的任务处理能力，给各集群节点分配不同的权值，然后使用集群节点的当前连接数与其权值的比值表示集群节点的负载状况，解决了由于集群节点之间处理能力的差异所造成的负载不均衡问题。相对于 LC 算法，集群的整体性能及负载均衡效果能得到一定的提升，但是由于只是依据集群节点的当前连接数及节点的任务处理能力来判断集群节点的负载状况，并没有考虑其他负载性能指标 (如 CPU 使用率、内存使用率、带宽使用率等) 对节点负载的影响，可能会影响集群节点负载状况的判定，给集群的负载均衡结果带来一定误差。

3. 动态反馈算法

动态反馈 (dynamic feedback, DF) 算法 [10] 考虑各集群节点服务器的实时负载和任务响应情况，通过定期调整集群节点的负载权值来反馈集群节点的真实负载状况，避免集群节点负载过重时仍然收到大量任务请求，从而提高集群系统的整体性能。

DF 算法的基本思想是：首先，确定当前应用环境中对集群节点负载状况影响较大的几个负载性能指标；其次，根据不同负载性能指标对集群节点负载的影响程度确定其对应的权重系数，并且根据集群节点的所有负载性能指标及其权重系数计算节点的负载权值；最后，当接收到任务请求时，根据集群节点的负载权值进行任务分配，保证集群系统负载均衡。

文献 [11] 提出的动态反馈负载均衡算法考虑了集群节点的任务处理能力，并且定期计算集群节点的负载权值，但是考虑了大量的负载性能指标，不重要的负载性能指标的变化反而影响了最终集群负载均衡的准确性。文献 [12] 提出的每隔固定周期 T 采集各集群节点的负载性能指标，计算并更新各集群节点的负载权值，但是负载权值的计算是按照一定的加权比例进行的，比较经验主义，有可能影响集群的负载均衡效果。

传统的动态反馈负载均衡算法的反馈周期 T 是固定的，每隔周期 T，集群节点向负载均衡器反馈节点的负载状况，负载均衡器将对应的负载权值存储在负载权值队列中，如图 5.2 所示。

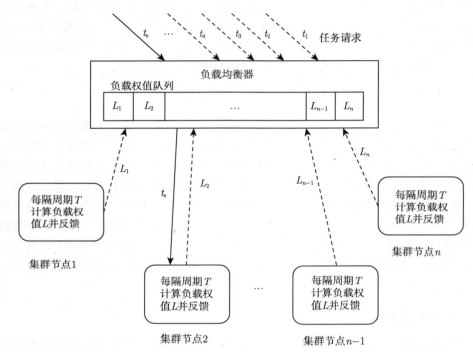

图 5.2   传统的动态反馈负载均衡算法

图 5.2 中，$t_1 \sim t_s$ 为用户任务请求，$L_1 \sim L_n$ 为集群节点 $1 \sim n$ 对应的负载权值。

在周期 T 内，负载均衡器根据负载权值队列中的负载权值将任务请求 t_5 分配给负载较轻的集群节点 2 进行处理，这样就存在一个问题：周期 T 内集群节点的负载是动态变化的，该负载权值不能反映当前时刻该节点的真实负载，也就是说，集群节点 2 不一定是当前的负载最优节点。

分析这种情况产生的原因，如果在周期 T 内存在某集群节点上的任务请求已经处理完毕，其真实负载已经降低，但由于当前的反馈周期 T 还未结束，负载权值队列中该节点对应的负载权值未能及时更新，可能会导致分配给任务请求的集群节点并非是负载最优节点，在这种情况下，若有大量任务请求到来，可能会导致集群负载倾斜状况的发生。

5.3 动态反馈负载均衡调度策略的优化

5.2 节中提到,传统动态反馈负载均衡算法采用固定的负载反馈周期 T,T 的设定对集群系统的负载均衡效果有一定影响,并且在反馈周期 T 内,当节点的负载发生较大变化时不能及时反馈,也会对负载均衡的准确性产生一定的影响。

根据上述情况,本节提出了采用动态修改反馈周期以及对集群节点按其负载状况进行分类的策略来优化传统的动态反馈负载均衡算法,并且当集群节点负载权值超过一定值时,就对该节点上的任务进行迁移,来保证整个集群系统负载均衡。

5.3.1 动态反馈负载均衡调度策略的优化思路

传统的动态反馈负载均衡算法采用固定的负载反馈周期 T,每隔周期 T,由负载均衡器请求各集群节点的负载状况,由此存在一个问题:如何合理设置反馈周期 T?若反馈周期 T 设置过大,会导致集群节点不能及时地反馈其真实负载状况,从而影响集群系统整体的负载均衡效果;若反馈周期 T 设置过小,虽然确保了集群节点能及时反馈其真实的负载状况,但是会导致集群节点频繁地计算其负载权值,造成集群系统资源的浪费。

除此之外,类似这种情况:由于用户任务请求的处理时长存在一定的随机性,在反馈周期 T 内,当某集群节点的任务数发生变化,该节点的负载会相应地发生变化,此时当前反馈周期 T 还未结束,该节点的负载权值并未及时更新,若此时负载均衡器接收到大量的并发用户任务请求,则负载均衡器根据上周期 T 反馈的负载权值进行任务分配;若该节点的实际负载减轻,则该节点本能处理更多的任务请求,但由于按照上周期的负载权值进行任务分配,所以相对而言该节点分配到的任务会减少,即集群任务分配的实际结果为低负载的节点分配的任务少,高负载的节点分配的任务多,有可能导致集群负载倾斜现象的发生;若该节点的实际负载加重,由于该节点的负载权值并未及时更新,导致任务分配的实际结果为高负载节点分配的任务请求较多,低负载节点分配的任务较少,同样会导致集群发生负载倾斜现象。

针对以上问题,本节提出一种优化的动态反馈负载均衡调度策略,其业务模型如图 5.3 所示。

为了减小由于反馈周期 T 的设置对集群系统负载均衡效果的影响,优化的动态反馈负载均衡调度策略根据集群节点每秒钟任务连接总数的变化量,按照一定的规则动态地修改集群节点的负载反馈周期 T,有效降低由于反馈周期 T 的设置对集群负载均衡效果的影响。

　　为了避免负载反馈周期 T 内某节点的负载发生较大变化时不能及时反馈其真实负载所造成的集群负载倾斜现象，优化的动态反馈负载均衡调度策略采用的解决方法是将集群节点按其负载状况分为低负载、正常负载和高负载三类，类与类之间根据各类的总权值比重进行任务请求的分配，类中采用最小连接数算法进行任务分配。

　　当集群中某节点有较多任务处理完成时，该节点的负载减轻，虽然未能及时更新其负载权值，即该节点上周期的负载权值较高，该类所分配的任务请求数比另外两类少，但是由于类中采用最小连接数算法，所以在类中该节点会分配到较多的任务，从而保证该节点的负载状况和该类中的其他节点相当；虽然另外两个类分配到的任务请求相对较多，但在类中使用最小连接数算法进行任务分配，使得类中各节点分配到的任务数相当。因此，对整个集群系统而言，最终的分配结果为负载较轻的节点分配的任务请求较多，负载较重的节点分配的任务请求较少，从而保证了整个集群系统的负载均衡。

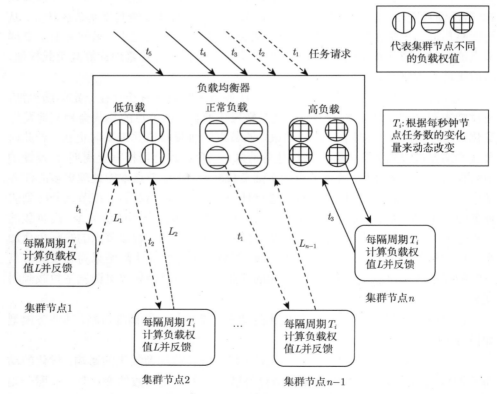

图 5.3　优化的动态反馈负载均衡调度策略业务模型

与此同时，给每个集群节点设置一个负载阈值，当某节点的负载权值超过该负载阈值后，判定该节点过载，此时在该节点上随机选取一定数量的用户任务，使用流媒体服务器的中继/转发功能，将这些任务转发至低负载类进行处理，降低该节点的负载，从而保证整个集群系统的负载均衡。

优化的动态反馈负载均衡调度策略系统框架如图 5.4 所示。

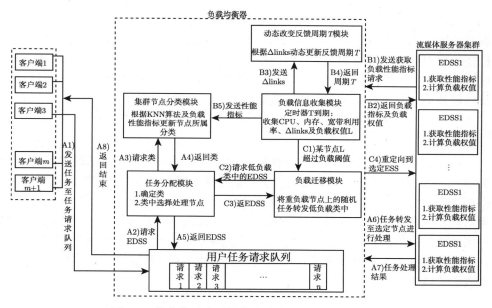

图 5.4 优化的动态反馈负载均衡调度策略系统框架

图 5.4 从用户群、负载均衡器以及流媒体服务器集群三个方面描述了优化的动态反馈负载均衡调度策略的三个主要流程。

1) A1~A8：用户任务请求的处理过程

用户发起任务请求，负载均衡器 (调度服务器) 将用户任务请求放置于全局唯一的用户任务请求队列中，由负载均衡器依次为任务请求队列中的任务分配流媒体服务器集群节点。分配完成后，将该任务请求转发至分配的集群节点来处理任务，后续完成任务执行过程中的一系列交互，直至任务处理完成。

2) B1~B5：负载均衡器动态更新反馈周期 T 和集群节点所属分类的过程

当某集群节点负载反馈周期 T 的定时器到期，由负载均衡器请求该节点的负载性能指标，然后根据该节点返回的负载性能指标更新其反馈周期 T 及所属分类，随后重置负载反馈周期 T 的定时器，完成节点负载反馈周期 T 的动态修改以及所属分类的更新，提高集群系统负载均衡的准确性。

3) C1～C4：负载迁移的过程

当集群节点反馈其负载状况后，若某集群节点的负载权值超过设定的负载阈值，则需要将该节点上的部分任务迁移到低负载类中的某节点。先在低负载类分配一个节点，然后将选取的任务转发至选定的集群节点进行处理。

5.3.2   负载性能指标及负载权值

负载权值反映了集群节点当前处理任务请求能力的大小，负载权值是根据集群节点的资源总量及使用状况来进行计算的。这就需要考虑集群节点的哪些负载性能指标对节点负载影响较大，然后根据这些负载性能指标对节点负载的影响程度，通过一个合理、简单的算法来计算负载权值向量，最终根据负载权值向量及负载性能指标计算出各集群节点的负载权值。

1. 负载性能指标的获取

在集群系统中，采集哪些负载性能指标作为负载权值计算算法的输入是本书的重点之一。因为动态反馈的性能指标数据是描述集群节点负载状况的重要特征，不同类型的任务对系统资源的消耗程度不同，因此确定流媒体业务对哪些系统资源消耗较大非常重要。本书通过在不同任务请求数的情况下分析流媒体服务器各种系统资源的消耗程度，最终采用 CPU 利用率、内存利用率、网络带宽利用率及任务连接数来作为计算集群节点负载权值的性能指标。接下来对这些性能指标的获取方式进行详细介绍。

1) CPU 利用率

在 Linux 系统中，可以使用/proc/stat 文件的数据来计算 CPU 利用率 (θ_{CPU})。这个文件包含了 CPU 的所有动态信息，需要注意的是，该文件中的数据都是从系统启动开始累计到当前时刻的总值。该文件的内容如图 5.5 所示。

```
root@EDSS1:~# cat /proc/stat
cpu  83822 5146 94684 17205814 7602 0 597 0 0
cpu0 83822 5146 94684 17205814 7602 0 597 0 0
intr 50240269 12 9 0 0 0 3 0 0 0 35 15 0 0 170522 0 0 0 0 0 0 0 0 26 0 123
674 0 3901 1 0 1710620 14 0 0 0 0 0 0 0 0 0 0 0 0 0 0 0 0 0 0 0 0 0 0 0 0 0
0 0 0 0 0 0 0 0 0 0 0 0 0 0 0 0 0 0 0 0 0 0 0 0 0 0 0 0 0 0 0 0 0 0 0 0 0 0
0 0 0 0 0 0 0 0 0 0 0 0 0 0 0 0 0 0 0 0 0 0 0 0 0 0 0 0 0 0 0 0 0 0 0 0 0 0
0 0 0 0 0 0 0 0 0 0 0 0 0 0 0 0 0 0 0 0 0 0 0 0 0 0 0 0 0 0 0 0 0 0 0 0 0 0
0 0 0 0 0 0 0 0 0 0 0 0 0 0 0 0 0 0 0 0 0 0 0 0 0 0 0 0 0 0 0 0 0 0 0 0 0 0
0 0 0 0 0 0 0 0 0 0 0 0 0 0 0 0 0 0 0 0 0 0 0 0 0 0 0 0 0 0 0 0 0 0 0 0 0 0
ctxt 116547058
btime 1489199991
processes 887075
procs_running 1
procs_blocked 0
softirq 29187371 1 13150143 0 1715496 85251 0 27 0 0 14236453
```

图 5.5   Linux 系统中/proc/stat 文件内容

/proc/stat 文件第一行的数值表示的是 CPU 总的使用情况，各字段代表的含义依次如下。

user(2247)：用户态所占用的 CPU 时间，不包含 nice 值为负的进程。

nice(l505): nice 值为负的进程所占用的 CPU 时间。

system(l148)：内核态所占用的 CPU 时间。

idle(l9564): CPU 空闲时间 (不包含 I/O 等待时间)。

iowait(2333): I/O 等待时间。

irq(5l)：处理硬中断所占用的时间。

softirq(O)：处理软中断所占用的时间。

steal(O)：其他系统所占用的时间。

guest(O)：访客控制 CPU 的时间。

guest_nice(O)：低优先级程序所占用的用户态 CPU 时间。

上述所有字段的数值均为从系统启动开始累计到当前时刻所占用的时间总和，单位均为 jiffies。在 Intel 平台下，1jiffies =0.01s。

本书采用固定时间间隔 1s 之内 CPU 的使用状况来计算 CPU 的利用率，所以取两个采样点，即时间间隔 1s 的开始时刻与结束时刻，则 CPU 利用率为

$$\theta_{\text{CPU}} = 1 - \frac{C_{\text{idle2}} - C_{\text{idle1}}}{\Delta_t} \tag{5.2}$$

式中，θ_{CPU} 是 1s 内的 CPU 利用率；C_{idle1}、C_{idle2} 分别是时间间隔开始时刻与结束时刻 CPU 处于 idle 状态的总节拍数；Δ_t 取值为 100(因为 1s 的节拍总数是 100)。

2) 内存利用率

Linux 系统中，可以通过/proc/meminfo 文件来获取当前时刻系统内存的实时使用情况，包括 MemTotal、MemFree、Buffers、Cached 等。该文件内容如图 5.6 所示。

文件内容第一行 MemTotal 代表节点物理内存的总大小，第二行 MemFree 代表集群节点当前剩余内存大小，所以当前时刻集群节点的内存利用率 θ_{mem} 为

$$\theta_{\text{mem}} = 1 - \frac{M_{\text{free}}}{M_{\text{total}}} \tag{5.3}$$

式中，M_{total} 为集群节点物理内存总量；M_{free} 为集群节点此时可用内存大小。

```
root@EDSS1:~# cat /proc/meminfo
MemTotal:        1016240 kB
MemFree:          761760 kB
MemAvailable:     819576 kB
Buffers:           59176 kB
Cached:           110420 kB
SwapCached:            0 kB
Active:           138044 kB
Inactive:          57356 kB
Active(anon):      25820 kB
Inactive(anon):      420 kB
Active(file):     112224 kB
Inactive(file):    56936 kB
Unevictable:           0 kB
Mlocked:               0 kB
SwapTotal:             0 kB
SwapFree:              0 kB
Dirty:                 8 kB
Writeback:             0 kB
AnonPages:         25804 kB
Mapped:            26052 kB
Shmem:               436 kB
Slab:              43080 kB
SReclaimable:      32696 kB
SUnreclaim:        10384 kB
```

图 5.6　Linux 系统中/proc/meminfo文件内容

3) 网络带宽利用率

Linux 系统中，可以通过/proc/net/dev 文件获取当前服务器从系统启动到当前时刻各个网卡数据传输的详细情况。该文件的内容如图 5.7 所示。

```
root@EDSS1:~#cat /proc/net/dev
Inter~| Receive                                                    | Transmit
 face |bytes    packets errs drop fifo  frame  compressed multicast|bytes      packets errs drop fifo colls carrier
 compressed
   lo:    0        0      0   0   0      0        0          0        0          0      0   0   0     0          0
 eth1:1567168692 1914382   0  0   0      0        0          0  825307918   863331   0   0   0     0 0
 eth2:  412634   4041     0  0   0      0        0          0    567097     7256    0   0   0     0 0
```

图 5.7　Linux 系统中/proc/net/dev文件内容

从图 5.7 可以看出，/proc/net/dev 文件分别详细统计了各个网卡从系统启动到现在总的接收和发送数据的字节数、数据包量、错误包量、丢弃的数据包量等。

若要计算某一时间段 ΔT 内的服务器带宽利用率 (θ_{net})，只需取两个采样点，分别统计 ΔT 开始时刻和结束时刻接收与发送的数据总字节数，然后通过式 (5.4) 计算该时间段内的网络带宽利用率 θ_{net}：

$$\theta_{net} = \frac{(R_{x_2} - R_{x_1}) + (T_{x_2} - T_{x_1})}{Net \cdot \Delta T} \tag{5.4}$$

式中，R_{x_1}、T_{x_1} 分别为 ΔT 开始时刻集群节点接收和发送的数据总字节数；T_{x_2}、R_{x_2}

分别为 ΔT 结束时刻集群节点接收和发送的数据总字节数; Net 为服务器节点的总带宽大小, 本书中 ΔT 设定为 1s。

4) 任务连接数

当用户发起任务请求后, 负载均衡器给该任务请求分配一个流媒体服务器来处理任务, 此时, 负载均衡器可以精确地获取集群节点任务连接数的变化 (θ_{links}), 所以在负载均衡器 (调度服务器) 中添加模块用来实时监控连接数的变化。当有新任务开始时, $\theta_{\text{links}} + 1$; 当有任务结束时, $\theta_{\text{links}} - 1$。

2. 负载权值的计算

传统的动态反馈负载均衡算法按照一定的加权比例来计算集群节点的负载权值, 比较经验主义, 缺乏一定的理论依据, 可能影响集群节点负载权值计算的准确性, 从而影响集群系统的负载均衡效果。文献 [13] 采用因子分析法确定负载权值向量, 有效提高了负载权值计算的准确性, 但其算法较复杂, 不易实现。因此, 本书采用层次分析法 (analytic hierarchy process, AHP)[14,15] 来确定理论的负载权值向量, 然后通过实验进行微调, 得到最终的负载权值向量, 最后结合采集的负载性能指标计算集群节点的负载权值。

层次分析法是美国运筹学家匹兹堡大学教授 Saaty 于 20 世纪 70 年代提出的一种定性分析与定量分析相结合, 层次化、系统性的多目标决策分析方法。该方法将决策问题按总目标、各层子目标、评价准则直至备选方案的顺序分解为不同的层次结构, 然后使用求解判断矩阵特征向量的方法, 求得每一层次各元素对上一层次某元素的优先权重, 再使用加权和的方法归并, 最后计算各备选方案对总目标的最终权重, 最终权重最大者即为最优方案。

本书应用层次分析法确定负载性能指标的权重系数, 就是建立在有序递阶的指标体系的基础上, 通过比较同层次各指标之间的相对重要性来综合计算各指标的权重系数。具体步骤如下。

1) 构造判断矩阵

层次分析法中, 为了使判断定量化, 在对指标的相对重要性进行评判时, 采用 1~9 标度, 如表 5.1 所示。

表 5.1　相对重要的比例标度

标度	定义与说明
1	两个元素对某个属性具有同样的重要性
3	两个元素比较, 一元素比另一元素稍微重要
5	两个元素比较, 一元素比另一元素明显重要
7	两个元素比较, 一元素比另一元素重要得多
9	两个元素比较, 一元素比另一元素极端重要
2,4,6,8	表示需要在上述两个标准之间折中时的标度

假设共有 n 个性能指标，则判断矩阵是一个 n 阶矩阵。判断矩阵中的元素 a_{ij} 代表第 i 行指标与第 j 列指标的重要性比较之后的值，则 $a_{ij} > 0, a_{ii} = 1, a_{ij} = l/a_{ji}$（其中 $i, j = 1, 2, \cdots, n$）。因此，判断矩阵是一个正交矩阵，对角线上的元素均为 1，对角线两侧的元素互为倒数。

本书采用的判断矩阵如表 5.2 所示。

表 5.2   判断矩阵

指标	CPU	MEM	NET	LINK
CPU	1	2	2	4
MEM	1/2	1	1	2
NET	1/2	1	1	2
LINK	1/4	1/2	1/2	1

2) 权重计算

首先，判断矩阵 A 的最大特征根 $\lambda_{\max}$ 与其对应的特征向量 ω 的计算步骤：

(1) 对判断矩阵的每一列元素作归一化处理，完成后判断矩阵元素的一般项为

$$\overline{a_{ij}} = \frac{a_{ij}}{\displaystyle\sum_{j=1}^{n} a_{ij}}$$

(2) 将每一列归一化后的判断矩阵按行相加为

$$\overline{\omega_i} = \sum_{i=1}^{n} \overline{a_{ij}} \, (i = 1, 2, \cdots, n)$$

(3) 对向量 $\overline{\omega_i} = (\overline{\omega_1}, \overline{\omega_2}, \cdots, \overline{\omega_n})$ 归一化处理：$\omega_i = \dfrac{\omega_{ij}}{\displaystyle\sum_{j=1}^{n} \overline{\omega_j}}$，则 $\omega = (\omega_1, \omega_2, \cdots, \omega_n)$

称为所求特征向量的近似解。

(4) 判断矩阵的最大特征根为

$$\lambda_{\max} = \frac{1}{n} \sum_{i=1}^{n} \frac{(A\omega)_i}{\omega_i}$$

3) 进行判断矩阵一致性的检验

层次分析法是否正确，取决于由人们的主观判断而转化的客观描述是否足够合理，所以必须对判断矩阵作一致性检验。判断矩阵的一致性指标为 $\mathrm{CI} = \dfrac{\lambda_{\max} - n}{n - 1}$，一致性指标 CI 的值越大，表明判断矩阵偏离完全一致性的程度越大；反之，表明判断矩阵越接近于完全一致性。对于多阶判断矩阵，引入平均随机一致性指标 RI，表 5.3 给出了 1~15 阶判断矩阵的 RI 值。

表 5.3 平均随机一致性指标 RI 值

n	1	2	3	4	5	6	7	8
RI	0	0	0.52	0.89	1.12	1.26	1.36	1.41
n	9	10	11	12	13	14	15	
RI	1.46	1.49	1.52	1.54	1.56	1.58	1.59	

判断矩阵的一致性比率为 $\mathrm{CI} = \dfrac{\mathrm{CI}}{\mathrm{RI}}$。当判断矩阵阶数大于 2，且 $\mathrm{CR} < 0.1$ 时，该 RI 判断矩阵具有满意的一致性；否则，调整判断矩阵，使之具有满意的一致性。

按照上述方法和步骤，得到表 5.2 所示判断矩阵的最大特征根为 $\lambda_{\max} = 4.007$，对应的特征向量为 $\omega = (\omega_1, \omega_2, \cdots, \omega_n)^t = (0.44, 0.22, 0.22, 0.12)^t$，该判断矩阵的一致性指标为 CI=0.0023，则其一致性比率为 $\mathrm{CR} = \dfrac{0.0023}{0.89} \approx 0.0026 < 0.01$，所以该判断矩阵接近于完全一致性。

通过实验，调整后的负载权值向量为 $\alpha = (\alpha_c, \alpha_m, \alpha_n, \alpha_l)^t = (0.4, 0.25, 0.25, 0.1)^t$。现在可以通过式 (5.5) 计算集群节点的负载权值 L：

$$L = \theta\alpha = (\theta_{\mathrm{cpu}}, \theta_{\mathrm{mem}}, \theta_{\mathrm{net}}, \theta_{\mathrm{links}})^t (\alpha_c, \alpha_m, \alpha_n, \alpha_l)^t \tag{5.5}$$

即集群节点的负载权值计算公式为

$$L = 0.4\theta_{\mathrm{cpu}} + 0.25\theta_{\mathrm{mem}} + 0.25\theta_{\mathrm{net}} + 0.1\theta_{\mathrm{links}} \tag{5.6}$$

5.3.3 动态修改负载反馈周期

集群节点服务器启动时，将其负载反馈周期 T 的初始值设定为 10s。

本书提出的调度策略根据集群节点每秒钟任务连接数的变化量 $\Delta\mathrm{links}$ 来适当地动态调整其负载反馈周期 T，以降低由于负载反馈周期设置不合理对集群负载均衡效果的影响。反馈周期 T 的变化量 ΔT 与连接数变化量 $\Delta\mathrm{links}$ 之间的对应关系如表 5.4 所示。

表 5.4 ΔT 与 $\Delta\mathrm{links}$ 的对应关系

$\Delta\mathrm{links}$	0	20	40	60	80	100
ΔT/s	0	1	2	4	6	9

当 $\Delta\mathrm{links}$ 小于 20 时，周期 T 保持不变；当 $\Delta\mathrm{links}$ 小于 40 时，周期 T 的变化量为 1s；当 $\Delta\mathrm{links}$ 小于 60 时，周期 T 的变化量为 2s，以此类推。为了防止集群节点频繁地计算负载权值，消耗节点服务器的系统资源，将负载反馈周期 T 的最小值设置为 1s；同时为了防止负载反馈周期 T 过大，不能及时反馈集群节点负载变化状况，将负载反馈周期 T 的最大值设置为 20s。

当节点的任务连接数增加时，该节点的负载加重，根据表 5.4 应当立即减小负载反馈周期 T，并且立即更新当前反馈周期对应的定时器，确保该节点尽快地反馈自身的负载变化情况；当节点的任务连接数减少时，根据表 5.4 适当地增大其反馈周期 T，此时并不立即更新当前反馈周期的定时器，保证集群节点的负载变化情况能够及时地反馈给负载均衡器，修改后的 T 作为下一阶段的负载反馈周期。总之，当节点的负载发生较大变化时，确保其负载状况及时地反馈给负载均衡器。

5.3.4　集群节点分类

目前，机器学习、神经生物学等方面的学者已经提出了许多分类算法[16-18]，如人工神经网络、遗传算法、支持向量机[19](support vector machine，SVM) 及其改进算法[20-22]、KNN(k-nearest neighbor，k-最临近) 算法等。不同的分类算法具有不同的特点，适用于不同的应用场景。下面简单介绍这几种分类算法的特点。

1. 几种分类算法的分析

1) 人工神经网络

优点：人工神经网络分类算法准确度高，并行处理能力强，学习能力强，对噪声神经有较强的鲁棒性和容错功能，能充分逼近复杂的非线性关系。

缺点：人工神经网络需要大量的参数，如网络拓扑结构、权值和阈值的初始值；不能观察其间的学习过程，输出结果难以解释；学习时间过长，甚至可能达不到学习的目的。

2) 支持向量机

优点：可以解决小样本情况下的机器学习问题；可以解决高维问题和非线性问题；可以解决多分类问题；可以避免神经网络结构选择和局部极小点的问题。

缺点：对缺失数据敏感；对于解决非线性问题没有通用的解决方案，需要谨慎地选择核函数。

3) KNN

优点：KNN 算法简洁明了，容易实现；分类效果好；计算时间和空间取决于训练集的规模；比较适用于样本容量比较大的自动分类，而对样本容量较小的分类容易产生误分。

缺点：KNN 算法是懒散学习方法，相较积极学习算法较慢；当样本不平衡时，容易造成误分，可以采用加权值的方法来改进；计算量较大。

综上所述，对于本书的应用环境而言，人工神经网络算法过于复杂，并且实现起来有一定难度，其学习时间过长，甚至有可能达不到学习目的。SVM 的分类效果取决于选取的核函数，如何根据现实问题选取合理的核函数具有一定的难度。现如今大部分核函数以及相关参数都是依据经验选取的，具有一定的随意性，目前还没有一种通用的方案来解决核函数的选取问题。KNN 算法分类效果较好,虽然在样本不平衡时会产生误分情况,但可以在采集样本时均衡各类的样本数,避免由样本不平衡所造成的误分情况。由于本章所采用的样本属性只有 4 个,且集群规模并不是特别大,所以相对来说计算量不是很大,可以快速地确定待分样本的类别,因此本章采用 KNN 算法对集群节点进行分类。

2. KNN 算法分类过程

KNN 算法的基本思想是:假设一个训练样本集被分为 n 个类型,给定一个待分类数据,通过计算该数据与训练集中各样本的欧氏距离,取欧式距离较小的前 K 个训练样本,若这 K 个训练样本中大多数属于同一个类型,则待分类数据也属于此类型,随后给待分类数据添加类别标签,并将它加入训练样本集,作为下一个待分类数据的训练样本。依次循环,直至分类完成。

KNN 算法的步骤如下:

(1) 采集训练样本集,尽量保证训练样本集中各种类的样本均衡。

(2) 遍历训练样本集,根据式 (5.7) 计算待分类数据与所有训练集样本的欧氏距离:

$$d(X,Y) = \sqrt{\sum_i (x_i - y_i)^2}, i = 1, 2, \cdots, n \tag{5.7}$$

式中,n 为样本属性个数;x_i 为待分类样本属性;y_i 为训练集样本对应属性。

(3) 将训练集中的样本根据计算所得的欧氏距离按升序排列,取前 k 个样本,并确定其中哪种类别的样本数最多,则待分类数据也属于该类。

KNN 算法 k 值的选取对分类结果的准确性也有一定的影响,如图 5.8 所示。

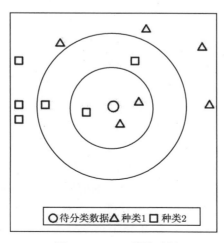

图 5.8 KNN 算法示例

　　如果 $k = 3$，那么距离待分类数据最近的 3 个样本中，有 2 个属于种类 1，1 个属于种类 2，因此待分类数据就属于种类 1；如果 $k = 5$，那么距离待分类数据最近的 5 个样本中，有 2 个属于样本 1，3 个属于样本 2，因此待分类数据就属于种类 2。由此可见，k 值选取不当，会造成分类结果出现误差。通常通过选取不同 k 值进行分类实验，根据分类结果的准确性选择最优的 k 值。

5.3.5　过载节点的负载迁移

　　当某个集群节点过载时，需要将过载节点上的任务迁移到别的低负载节点。本小节利用 EasyDarwin 流媒体服务器的中继/转发功能，将过载节点的下行数据转发到另外的流媒体服务器节点，实现过载节点的任务迁移，降低过载节点的负载，保证集群系统负载均衡。

　　EDSS 的中继/转发流程如图 5.9 所示，从图中可以看出：有两台流媒体服务器 A、B，视频采集设备使用 RTSP 协议将采集的视频数据流推送至流媒体服务器 A，A 将接收的视频数据流转发给流媒体服务器 B，用户使用流媒体服务器 B 的 IP 地址及分配的端口号访问视频流。

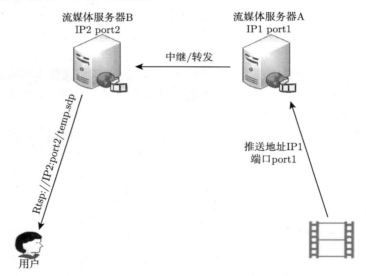

图 5.9　EDSS 的中继/转发流程

　　流媒体业务模型一般是一对多，即多个用户同时访问同一流媒体数据。多用户访问同一流媒体数据时，使用中继/转发功能前后效果对比如图 5.10 所示。

　　图 5.10 中左方未使用中继/转发功能，当有 3 个用户同时访问流媒体数据 temp.sdp 时，流媒体服务器 A 有 3 路下行数据流，将流媒体数据分别传送给不同用户。图 5.10 中右方使用了中继/转发功能，流媒体服务器 A 将数据转发给服

务器 B，由流媒体服务器 B 分别转发数据给不同用户，此时流媒体服务器 A 只有
1 路下行数据流，相比之下，减小了流媒体服务器 A 的负载。

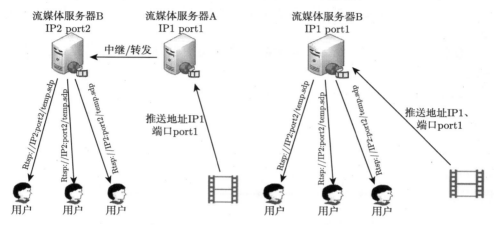

图 5.10　流媒体服务器使用中继/转发功能前后效果对比

　　所以本章采用 EDSS 的中继/转发功能实现过载节点的负载迁移。当有集群节
点过载时，从低负载类中选择集群节点作为过载节点中继/转发的目标主机，将过
载节点上的部分任务转发至目标主机，直到过载节点负载恢复正常。

5.3.6　优化调度策略的整体流程

　　通过 5.2 节对常用负载均衡调度算法的介绍与分析，本章提出的动态修改负载
反馈周期以及对集群节点按负载状况分类的优化策略通过修改流媒体服务器 EDSS
源码和调度服务器源码加以实现。优化策略的整体流程如下。

　　步骤 1：初始化集群节点的负载反馈周期 $T = 10\text{s}$，连接数统计周期 $T_{\text{links}} = 1\text{s}$。
此时，各集群节点均处于空载状态，根据当前集群节点各性能指标计算各集群节点
的负载权值 L。

　　步骤 2：某节点的负载反馈周期 T 到期，负载均衡器请求该节点的负载状况，
该节点返回其各负载性能指标以及负载权值 (集群节点计算自身负载权值)。

　　步骤 3：负载均衡器根据集群节点的负载性能指标对该节点进行重新分类，计
算并更新类的总权值。

　　步骤 4：判断是否存在负载权值超过负载阈值的集群节点，若存在，从该节点
上随机选取任务，随后将其迁移到低负载类中，转向步骤 7；若不存在，则继续。

　　步骤 5：判断连接数统计周期 T_{links} 是否到期，若 T_{links} 到期，则计算连接数
的变化量 Δlinks，并根据 Δlinks 更新负载反馈周期 T 以及对应的定时器；若没
有，则继续。

步骤 6：根据各类的总权值比重来确定处理用户任务的类。

步骤 7：在类中根据最小连接数算法选取一个集群节点来处理该任务。

步骤 8：判断负载反馈周期 T 是否到期，若不是，则转向步骤 5；若是，则继续。

步骤 9：判断集群系统运行是否结束：若不是，则转向步骤 2；若是，停止集群系统。

优化策略的流程图如图 5.11 所示。

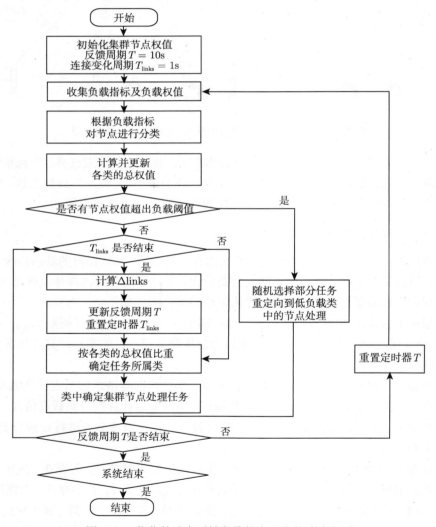

图 5.11　优化的动态反馈负载均衡调度策略流程图

5.4 负载均衡调度策略的实现

5.4.1 负载均衡器模块的实现

负载均衡器框架如图 5.12 所示。负载均衡器包括四个部分：动态更新反馈周期部分、集群节点分类部分、任务分配部分以及负载信息收集部分。其中，负载信息收集部分仅当负载反馈周期到期时，向对应的集群节点请求其负载性能指标，本节将不再赘述；下面详细介绍其余部分实现的过程。

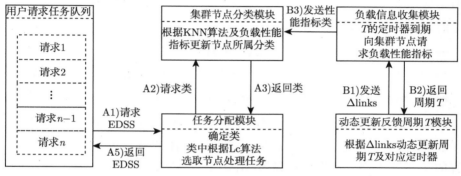

图 5.12 负载均衡器框架

1. 动态更新负载反馈周期的实现

负载反馈周期更新部分主要通过计算集群节点每秒钟任务连接数的变化量来动态修改反馈周期 T，并且更新 T 对应的定时器来实现，实现代码包含在darwin_session.cpp和timer.cpp中。

该部分通过在类 DarwinSession 中添加以下变量来记录修改反馈周期 T 时所需要的数据：

Timer_load_timer; //负载反馈周期对应的定时器

Timer_links_timer;//计算连接数变化量的定时器

int64_t _links_before; //1s前的任务连接数

1) 定时器修改函数

void Timer:: modify_timer{ int64_t msec);

该函数接收一个参数 msec，保存了当前节点的反馈周期根据规则需要改变的毫秒数。该函数的核心代码如下：

_milli_seconds += msec //修改负载反馈周期T

if(_milli_seconds<1000)//确保定时器的范围1s<timer<20s

_milli_seconds = 1000;

```
else if (_milli_seconds>20*1000)
_milli_seconds = 20 * 1000;
if( msec< 0)
this->_time_point+=msec;//周期T减小时立即修改对应定时器
```

其中，为了保证正常反馈集群节点的负载性能指标，将反馈周期限定在 1s 至 20s 之间。当周期 T 减小时，除了修改负载反馈周期之外，立即更新 T 对应的定时器；当周期 T 增大时，保持 T 对应的定时器不变，保证节点的负载变化状况能及时反馈。

2) 动态改变反馈周期函数

```
void DarwinSession::change_cycle(){
auto link_change = _push_devs.size()-_links_before;//连接数的变化量
auto increment_T=caclute_timer_changed(link_change);//周期T的改变量
_rload_timer.modify_timer(increment_T*1000);//修改周期T及定时器
```

其中，通过_push_devs.size()获取当前节点的任务连接数，结合_links_before 保存的 1s 前的任务连接数来计算当前节点在 1s 内任务连接数的变化量，并保存在link_change中，然后通过函数caclute_timer_changed(link_change)来计算该节点反馈周期 T 的变化量，最后通过modify_timer(int64_t msec)来实现周期 T 以及对应定时器的更新。

动态更新负载反馈周期 T 的流程图如图 5.13 所示。

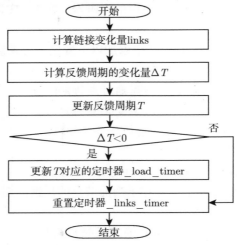

图 5.13　动态更新反馈周期 T 流程图

2. 集群节点分类的实现

集群节点分类部分通过集群节点反馈的负载性能指标结合 KNN 算法来实现，实现代码包含在knn.cpp和darwin_session.cpp中。该部分使用以下数据结构：

```
typedef pair<double, int> Dis; //用于存储欧氏距离与类别
typedef pair<vector<double>,int>Traindata;//一个训练样本<属性值,
    类别>
vector<Traindata> training_data; //训练样本集
//不同分类的map集<Darwin名，样本数据>
map<string,Traindata> Light_load map;
double_Light_lod_total;
map<string,Traindata> Middle_load_map;
double _Middle_lod_total;
map<string,Traindata> High_load_map;
double _High_lod_total;
int _class_num; //类别标识
```

变量 Dis 存储待分类节点与训练样本集中样本的欧氏距离和样本所属分类；变量 Traindata 代表一个样本，存储样本拥有的所有属性值及样本所属分类；变量 Light_load_map、Middle_load_map、High_load_map 是全局变量，分别对应低负载类、正常负载类以及高负载类，存储已经正确分类的集群节点的主机名和存储节点所有性能指标的 Traindat；变量 _Light_lod_total、_Middle_lod_total、_High_lod_total 也是全局变量，分别存储低负载类、正常负载类和高负载类的总权值，在任务调度的过程中用来确定任务的分类。

1) KNN 分类函数

```
intKNN::classify(vector<double>& testData) {
vector<Dis> distances;
//计算待分类到训练集样本的欧氏距离
for ( size_t i=0; i<training_data.size();i++) {
Dis m_tmp;
m_tmp.first=computeEuclidDistance(testData,training_data[i].first);
m_tmp.second=training_data[i].second; //记录分类号
distances.push_back(m_mp);
if(Light_load_map.size()!=0)
computeDistance(testData,Light_load_map,& distances);
...
```

```
sort(distances.begin(),distances.end());//对欧氏距离排序, 从小到大
...
}
```

其中, distances 用来存储待分类节点与训练样本和已正确分类的集群节点的欧氏距离及对应的类别; 使用 computeEuclidDistance 函数计算待分类节点和训练样本集所有样本之间的欧氏距离, 存入 distances; 使用 computeDistance 函数计算待分类节点和所有已正确分类节点之间的欧氏距离, 同样存入 distances; 使用 sort 对 distances 进行排序, sort 排序时默认使用 pair 的第一个元素进行升序排序, 即按照待分类节点和样本及已分类节点的欧氏距离进行升序排序; 然后选择前 k 个 Dis 对象, 统计其中哪一类的样本数量最多, 则待分类节点就属于此类, 从而确定待分类节点的类别。

2) 集群节点分类函数

void DarwinSession::classify_darwin( );

此函数将当前节点的性能指标封装在vector<double> test_data 中, 调用函数classify(test_data)来确定当前节点所属分类, 若该节点是新增节点, 则设置该节点的_class_num并返回; 若该节点类别未改变, 直接返回; 若该节点类别发生改变, 先从旧类对应的 map 中删除该节点相应的对象, 然后将对应的对象加入新类的 map 中, 更新该节点的_class_num并返回。

集群节点分类功能流程图如图 5.14 所示。

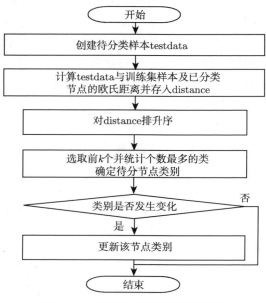

图 5.14　集群节点分类功能流程图

3. 任务调度部分的实现

集群任务调度部分通过修改 `darwin_manager.cpp` 文件，添加类的分配函数 `alloc_classify()`，确定处理用户任务的分类；再添加流媒体服务器分配函数 `alloc_darw()`，在分配的类中使用最小连接数算法选择一个节点来处理用户任务。

在类的分配函数 `alloc_classify()` 中分别计算各个类中所有节点的总权值，当接收到并发用户任务时，根据各类的总权值的反比 (本章使用节点性能指标的利用率来计算权值) 来选择处理任务的类。其中按照各类总权值分配任务的思路：当处理一个任务时，先在 0~1 之间选择一个随机数 rand_num；计算各类总权值的反比，即得到任务分配到各类的概率，并根据各概率值在 0~1 之间设置各类对应区间的上限临界值，例如分配到低负载类、正常负载类、高负载类的概率分别为 P_{light}、P_{middle}、P_{hight}，则低负载类的上限临界值 set_1 为 P_{light}，正常负载类的上限临界值 set_2 为 $P_{light} + P_{middle}$，即在 0~1 之间低负载类的区间为 $0 \sim set_1$，正常负载类的区间为 $set_1 \sim set_2$，高负载类的区间为 $set_2 \sim 1$；最后根据 rand_num 与临界值 set_1 和 set_2 的关系确定当前任务分配给哪一类进行处理。

在分配流媒体服务器函数 `alloc_darw()` 中，遍历所分配的类对应的 map，找出其中任务连接数最小的节点，将任务分配给该节点进行处理。

任务调度部分的流程图如图 5.15 所示。

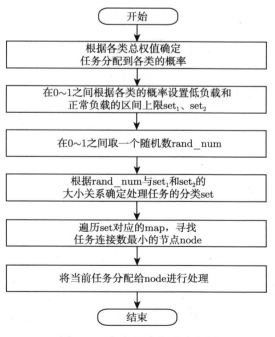

图 5.15　任务调度部分流程图

5.4.2   流媒体服务器模块的实现

1. 与负载均衡器交互部分的实现

流媒体服务器添加与负载均衡器的交互功能，主要是用来连接负载均衡器，接收由负载均衡器转发的各种用户命令以及反馈用户命令的处理结果和流媒体服务器的负载性能指标，为负载均衡器的任务调度提供依据；当流媒体服务器出现故障时，重启流媒体服务器并重新连接负载均衡器，以此来保证流媒体服务器能够正常运行。

本节在设计该功能时，首先创建 socket，并调用 connect 接口函数实现流媒体服务器与负载均衡器的网络连接，若连接失败，则调用 kill()接口函数给自己发送 SIGKILL 信号，杀死流媒体服务器进程，等待 5s 后服务启动脚本重新启动流媒体服务器，重复该过程，直至连接成功；其次，发送心跳包，保持与负载均衡器之间的连接；随后，读取 socket 并将数据存储在一个全局的循环 buffer 中，若读取 socket 时出现错误，同样杀死流媒体服务器进程，等待重启；最后，解析循环 buffer 中的命令，进行相应的处理操作。

流媒体服务器与负载均衡器交互部分流程图如图 5.16 所示。

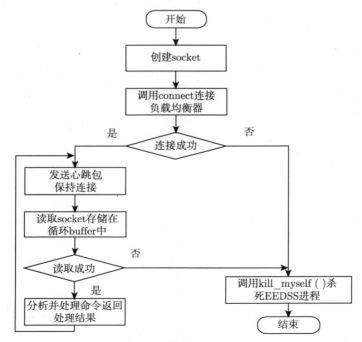

图 5.16   流媒体服务器与负载均衡器交互部分流程图

2. 负载性能指标采集部分的实现

流媒体服务器添加负载性能指标收集功能,每隔 1s 采集一次流媒体服务器的负载状况,保证各性能指标变量及时更新,同时根据各性能指标计算当前流媒体服务器的数据结构如下:

Slnt64 _cpu_idle_before; //1s前CPU的空闲率

Slnt64 _cpu_idle_now; //当前时刻CPU的空闲率

Slnt64 _recv_data_before; //从系统启动至1s前接收的字节总数

Sint64 _recv_data_now; //从系统启动至当前时刻接收的字节总数

Slnt64 _send_data_before; //从系统启动至1s 前发送的字节总数

Slnt64 _send_data_now; //从系统启动至当前时刻发送的字节总数

Slnt64 _mem_total; //总的物理内存

Slnt64 _mem_free; //当前时刻可用的内存大小

float _cpu; //CPU 利用率

float _net; //网络带宽利用率

float _mem; //内存利用率

通过 _cpu_idle_before、_cpu_idle_now 和公式 (5.2) 计算 1s 流媒体服务器的 CPU 利用率,并将其存储在 _cpu 之中;通过 _mem_total、_mem_free 及式 (5.3) 计算当前时刻流媒体服务器的网络带宽利用率,并将其存储在 _mem 之中;通过 _recv_data_before、_recv_data_now 和 _send_data_before、_send_data_now 及式 (5.4) 计算 1s 内流媒体服务器的网络带宽利用率,并将其存储在 _net 之中。每采集一次,都会实时更新所有的负载性能指标变量,保证反馈该服务器的真实负载状况,提高集群负载均衡的准确性。

当负载均衡器请求某流媒体服务器的负载状况时,该流媒体服务器通过 _cpu、_mem、_net 和负载均衡器发送的该服务器当前任务连接数 _links 以及式 (5.5) 计算当前流媒体服务器的负载权值;最后将这些负载性能指标及其负载权值发送给负载均衡器,完成集群节点真实负载状况的反馈。

本章通过 shell 脚本get_load_argv.sh来采集各负载性能指标,每隔 1s 运行一次,使用两次采集的数据按上述方法计算集群节点的负载状况。get_load_argv.sh的具体内容如图 5.17 所示。

3. 负载迁移部分的实现

流媒体服务器负载迁移功能通过修改 EDSS 的流媒体数据流分配模块来实现。设置全局变量_overload来记录流媒体服务器是否过载,初始值设为 0,表示未过载;在流媒体服务器进行数据转发时,先检查_overload变量,若为 1,则启动 EDSS 的中继/转发功能,完成过载节点的负载迁移。

```
#!/bin/bash
#CPU
idle_time='cat/proc/stat | head -1 | awk -F ' " ' {print $5}'"

#NET
Rx=' cat/proc/net/dev | grep "eth0" | awk -F ' " ' {print $2}'"
Tx=' cat/proc/net/dev | grep "eth0" | awk -F ' " ' {print $10}'"

#MEM
mem_total='cat/proc/net/meminfo | head -1 | awk -F ' " ' {print $2}'"
mem_free='cat/proc/net/meminfo | head -2 | tail -1 | awk -F ' " ' {print $2}'"

echo $idle_time $Rx $Tx $men_total $mem_free
```

图 5.17　负载性能采集脚本 get_load_argv.sh

　　当流媒体服务器的负载权值超过负载阈值时，将_overload 设置为 1，唤醒流媒体服务器的中继/转发功能；在低负载类中选择一个集群节点分配端口 port，用来接收即将迁移的任务 1，然后随机选择过载节点上的任务转发至新分配的集群节点，直至过载节点的负载恢复正常；最后将_overload 置为 0，即关闭 EDSS 的中继/转发功能。

　　负载迁移部分流程图如图 5.18 所示。

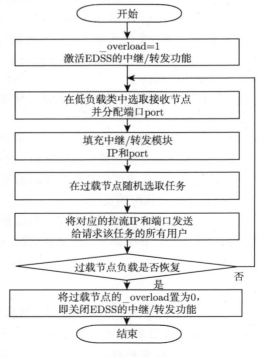

图 5.18　负载迁移部分流程图

5.4.3 实验平台搭建

为了验证改进的动态反馈负载均衡调度策略,首先搭建流媒体服务器集群,本实验使用 CES 云服务器,操作系统为 Ubuntu 14.04,流媒体服务器采用 EasyDarwin, 版本号为 7.0.2。本实验集群采用 7 台配置相同的 CES 云服务器搭建流媒体服务器集群,使用 3 台 CES 云服务器模拟用户群,3 台物理机模拟视频采集设备,实验平台总体结构如图 5.19 所示。

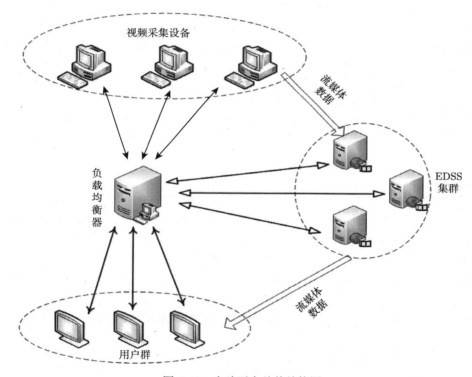

图 5.19 实验平台总体结构图

5.4.4 功能验证实验

1. KNN 算法 k 值的选取实验

本实验方案分别设置 k 值为 3、4、5 进行实验,根据已知训练样本集,使用 KNN 算法对待分类样本集中的数据进行分类。最终根据不同 k 值分类结果的准确率来选取最优 k 值。

训练样本集的部分数据如表 5.5 所示。

表 5.5　部分训练样本集

类别	θ_{cpu}	θ_{mem}	θ_{net}	θ_{links}
Lload	7.6	33.2	25.7	10.0
Mload	23.8	48.0	38.8	45.0
Hload	44.6	71.2	69.4	90.0
Mload	31.2	54.3	48.3	60.0
Lload	13.0	38.1	28.7	20.0
Mload	35.8	59.4	52.2	70.0
Hload	44.6	71.4	69.4	92.0

按照表 5.5 所示提供的训练样本集，对其使用 KNN 算法进行数据分类，所得的实验结果如表 5.6 所示。

表 5.6　不同 k 值对 KNN 算法的影响实验结果

k 值	低负载/个	正常负载/个	高负载/个
待分类样本集	40	40	40
3	57	44	19
4	38	45	37
5	46	53	21

从表 5.6 可知，当 $k=3$ 时，实验结果中低负载类和高负载类的个数偏离实际情况较大，正常负载类基本符合实际情况，其标准差为 $\sigma(x)_3 = \sqrt{17^2+4^2+21^2} = 15.77$；当 $k=5$ 时，实验结果中正常负载类和高负载类的个数偏离实际情况较大，低负载类个数基本符合实际情况，其标准差为 $\sigma(x)_5 = \sqrt{6^2+13^2+19^2} = 13.74$；当 $k=4$ 时，实验结果中各类的个数基本符合实际情况，其标准差为 $\sigma(x)_4 = \sqrt{2^2+5^2+3^2} = 3.56$。当 k 值为 4 时，实验结果的标准差最小，因此，本实验选取的 k 值为 4。

2. 动态更新负载反馈周期验证实验

实验方案如下：

实验中只采用一台流媒体服务器 EDSS 进行测试，先向负载均衡器发送 10 个并发任务请求，获取此时 EDSS 的负载反馈周期，随后再发送到各并发任务请求，再次获取此时 EDSS 的负载反馈周期，然后随机停止 30 个用户任务请求，仍然获取此时 EDSS 的负载反馈周期；最后通过实验结果分析不同情况下流媒体服务器负载反馈周期的变化状况。

实验结果与分析如下：

增加 50 个并发任务请求的实验结果如图 5.20 所示。

```
16:39:54.946 : 139.129.215.128 : 获取负载性能指标，当前反馈周期: 10000ms
16:39:55.954 : 139.129.215.128 : 1秒前的连接数为: 0
16:39:55.954 : 139.129.215.128 : 当前的连接数为: 10
16:40:04.947 : 139.129.215.128 : 获取负载性能指标，当前反馈周期: 10000ms
16:40:14.947 : 139.129.215.128 : 获取负载性能指标，当前反馈周期: 10000ms
16:40:24.947 : 139.129.215.128 : 获取负载性能指标，当前反馈周期: 10000ms
16:40:30.961 : 139.129.215.128 : 1秒前的连接数为: 10
16:40:30.961 : 139.129.215.128 : 当前的连接数为: 60
16:40:32.947 : 139.129.215.128 : 获取负载性能指标，当前反馈周期: 8000ms
16:40:40.947 : 139.129.215.128 : 获取负载性能指标，当前反馈周期: 8000ms
16:40:48.949 : 139.129.215.128 : 获取负载性能指标，当前反馈周期: 8000ms
```

图 5.20 增加 50 个并发任务请求时节点的负载反馈周期 T 的变化情况

由图 5.20 可以看出，当增加并发请求之前，流媒体服务器的负载反馈周期 T 为 10s，增加并发任务请求之后，其负载反馈周期 T 变为 8s，并且增加并发请求前后两次负载反馈的时间间隔为 8s，即当集群节点的任务请求数增加时，负载均衡器修改反馈周期 T 的同时立即修改了 T 对应的定时器，及时地反馈集群节点的负载变化状况。

减少 30 个任务请求的实验结果如图 5.21 所示。

```
16:43:46.952 : 139.129.215.128 : 获取负载性能指标，当前反馈周期: 8000ms
16:43:46.997 : 139.129.215.128 : 1秒前的连接数为: 60
16:43:46.997 : 139.129.215.128 : 当前的连接数为: 59
16:43:47.997 : 139.129.215.128 : 1秒前的连接数为: 59
16:43:47.997 : 139.129.215.128 : 当前的连接数为: 58
16:43:54.952 : 139.129.215.128 : 获取负载性能指标，当前反馈周期: 8000ms
16:44:02.002 : 139.129.215.128 : 1秒前的连接数为: 58
16:44:02.002 : 139.129.215.128 : 当前的连接数为: 28
16:44:02.953 : 139.129.215.128 : 获取负载性能指标，当前反馈周期: 9000ms
16:44:11.953 : 139.129.215.128 : 获取负载性能指标，当前反馈周期: 9000ms
16:44:20.954 : 139.129.215.128 : 获取负载性能指标，当前反馈周期: 9000ms
```

图 5.21 减少 30 个任务请求时节点的负载反馈周期 T 的变化情况

由图 5.21 可以看出，在减少集群节点的任务之前，集群节点的负载反馈周期 T 为 8s，减少任务数之后，其负载反馈周期变为 9s，但是两次负载反馈的时间间隔仍为 8s，即当集群节点的任务数减少时，负载均衡器只修改了负载反馈周期 T，并没有立即修改 T 对应的定时器，而是在当前定时器到期后，再重置定时器为 9s，保证集群节点及时反馈其负载变化情况。

通过该实验可知，根据集群节点任务连接数的变化动态修改负载反馈周期，可以提升集群节点反馈其负载状况的及时性，给集群的负载均衡调度策略提供更有力的依据。

3. 负载迁移验证实验

实验方案: 实验采用两台流媒体服务器 EDSS 进行测试。为了保证流媒体服务质量,根据集群节点的性能,设定每台 EDSS 最多处理 100 个任务请求,所以实验中的负载阈值选择任务数为 100 时集群节点负载权值的平均值 (1.5730),如图 5.22 所示。当某节点负载权值超过该负载阈值时,则该节点处于过载状态。

```
cpu:0.5320    mem:0.7380    net:0.7130    link:100    load:1.5755
cpu:0.5300    mem:0.7360    net:0.7120    link:100    load:1.5740
cpu:0.5280    mem:0.7300    net:0.7090    link:100    load:1.5710
cpu:0.5310    mem:0.7320    net:0.7110    link:100    load:1.5732
cpu:0.5285    mem:0.7300    net:0.7060    link:100    load:1.5704

****************************
目前有 100 个设备推流
```

图 5.22　100 个并发请求时 EDSS 的负载状况

实验分为两次:第一次,先启动 EDSS1,使用用户模拟程序向负载均衡器发送 70 个并发任务请求,过一段时间启动 EDSS2,稍后分别观察两台 EDSS 的负载状况;第二次,先启动 EDSS1,向负载均衡器发送 110 个并发任务请求,使该服务器处于过载状态,随后启动 EDSS2,稍后分别观察两台 EDSS 的负载状况。通过两次实验,验证优化策略中的负载迁移效果。

实验结果与分析如下:

在第一次实验中,启动 EDSS2 后,两台 EDSS 的负载状况分别如图 5.23 和图 5.24 所示。

```
cpu:0.3560    mem:0.5940    net:0.5220    link:70    load:1.1214
cpu:0.3580    mem:0.5880    net:0.5260    link:70    load:1.1217
cpu:0.3620    mem:0.5920    net:0.5190    link:70    load:1.1226
cpu:0.3570    mem:0.5940    net:0.5240    link:70    load:1.1223
cpu:0.3590    mem:0.5900    net:0.5280    link:70    load:1.1231

****************************
目前有 70 个设备推流
```

图 5.23　启动 EDSS2 之后 EDSS1 的负载状况

```
cpu:0.0160    mem:0.1278    net:0.0001    link:0    load:0.0384
cpu:0.0140    mem:0.1280    net:0.0002    link:0    load:0.0377
cpu:0.0180    mem:0.1279    net:0.0001    link:0    load:0.0392
cpu:0.0210    mem:0.1278    net:0.0000    link:0    load:0.0404
cpu:0.0180    mem:0.1278    net:0.0001    link:0    load:0.0392

****************************
目前有 0 个设备推流
```

图 5.24　启动 EDSS2 之后 EDSS2 的负载状况

从图 5.23 和图 5.24 可以看出，当 EDSS1 的任务连接数为 70 时，EDSS1 的负载权值并未超过负载阈值，该节点没有过载；当启动 EDSS2 之后，EDSS1 的负载并没有发生变化，此时集群并没有发生负载迁移。

在第二次实验中，启动 EDSS2 前，EDSS1 的负载状况如图 5.25 所示。

```
cpu:0.5560    mem:0.7820    net:0.7430    link:110    load:1.7036
cpu:0.5430    mem:0.7800    net:0.7240    link:110    load:1.6932
cpu:0.5520    mem:0.7820    net:0.7400    link:110    load:1.7013
cpu:0.5310    mem:0.7760    net:0.7440    link:110    load:1.6924
cpu:0.5360    mem:0.7810    net:0.7320    link:110    load:1.6926
```

****
目前有 110 个设备推流

图 5.25　启动 EDSS2 之前 EDSS1 的负载状况

启动 EDSS2 后，两台 EDSS 的负载状况分别如图 5.26 和图 5.27 所示。

```
cpu:0.4380    mem:0.6520    net:0.6030    link:80    load:1.2889
cpu:0.4400    mem:0.6580    net:0.5980    link:80    load:1.2900
cpu:0.4230    mem:0.6460    net:0.6080    link:80    load:1.2827
cpu:0.4360    mem:0.6500    net:0.6010    link:80    load:1.2872
cpu:0.4040    mem:0.6380    net:0.5920    link:80    load:1.2691
```

****
目前有 80 个设备推流

图 5.26　启动 EDSS2 之后 EDSS1 的负载状况

```
cpu:0.2860    mem:0.5320    net:0.4230    link:30    load:0.6532
cpu:0.2830    mem:0.5010    net:0.4080    link:30    load:0.6405
cpu:0.2750    mem:0.5250    net:0.4310    link:30    load:0.6490
cpu:0.2800    mem:0.5130    net:0.4100    link:30    load:0.6428
cpu:0.2740    mem:0.5210    net:0.4020    link:30    load:0.6403
```

****
目前有 30 个设备推流

图 5.27　启动 EDSS2 之后 EDSS2 的负载状况

从图 5.25 可以看出，当 EDSS1 的任务连接数为 110 时，其负载权值大于负载阈值，该节点处于过载状态，从图 5.26 和图 5.27 可知，当启动 EDSS2 之后，EDSS1 上的 30 个任务被迁移至 EDSS2，降低了 EDSS1 负载，解决了集群节点的过载问题。

通过两次实验可以发现，使用 EDSS 的转发/中继功能，实现了集群节点过载时的负载迁移功能,有利于提升集群系统的负载均衡效果,同时能够避免由于集群节点过载而导致的服务质量下降。

5.4.5　性能对比实验

1. 用户请求响应时间对比实验

实验方案:分别使用最小连接数算法、传统动态反馈负载均衡算法及优化的调度策略搭建流媒体服务器集群,在相同的实验条件下,对比使用不同调度算法时集群的平均响应时间。

在实验中,使用用户模拟程序分别向负载均衡器发送 100、200、300、400、500 个并发请求,随后计算所有任务的响应时间,取其平均值作为集群的平均响应时间,对比在不同并发请求数的情况下三种算法的响应时间。

实验结果与分析如下:

实验结果如表 5.7 所示。

表 5.7　不同算法在不同并发请求数下的平均响应时间

并发连接数	平均响应时间/ms		
	最小数连接算法	传统动态反馈算法	优化算法
100	43.80	43.96	44.61
200	73.08	73.10	73.12
300	107.30	100.12	99.78
400	114.70	107.20	101.60
500	123.40	115.30	109.50

从表 5.7 中可以看出,当并发任务数为 100 和 200 时,集群的平均响应时间相差不大,此时集群各节点分配到的任务数较少,集群各节点均处于低负载状态,由于优化算法在分配任务的过程中需要先选择分类,然后在其中选择节点处理任务,导致其响应时间大于最小连接数算法和传统的动态反馈负载均衡算法。当并发任务数为 300 时,动态反馈负载均衡算法和优化算法的平均响应时间明显小于最小连接数算法,因为最小连接数算法没有考虑其他性能指标对集群节点负载的影响,导致负载分配不均衡,从而影响集群任务的平均响应时间。当并发任务数为 400 和 500 时,后两种算法的集群任务平均响应时间明显小于最小连接数算法,而且优化算法的平均响应时间也小于传统动态反馈算法,因为优化算法能够根据连接数的变化量较及时地反馈集群节点的真实负载,提高了集群负载均衡的准确性,降低了集群的平均响应时间。

2. 集群负载均衡效果对比实验

实验方案:实验中先向负载均衡器发送一定数量的并发任务请求,隔一段时间再向负载均衡器发送一定量的并发任务请求,在相同实验条件下,对比三种算法在集群接收到大量并发任务时集群的负载均衡效果。

在具体实验过程中,先向负载均衡器发送 300 个并发任务请求,等待 45s 之后,再发送 100 个并发任务请求,在此过程中,每隔 30s 定期采集集群各节点的负载状况,通过对比集群各节点在不同采样点的负载权值,来评估三种算法在集群系统正常运行过程中以及遇到大量并发任务的情况下的负载均衡效果。

实验结果与分析如下:

当采用最小连接数算法时,集群中每台流媒体服务器的负载变化情况如图 5.28 所示。

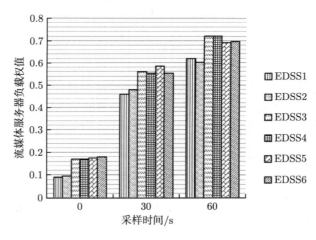

图 5.28   使用最小连接数算法时集群的负载均衡结果

从图 5.28 可以看出,在初始时刻 (即 0s,空载状态),由于集群各节点和启动服务有差异,导致其处理性能不完全相同,集群节点之间负载权值存在差异;观察 30s 采集的集群负载状况,可以发现集群节点的负载分布并不均衡,这是由于采用最小连接数算法时,只是以集群节点的任务连接数来判断其负载状况,并没有考虑各节点的任务处理能力以及任务的差异性等因素对节点负载的影响。在 45s 时,集群接收到 100 个突发任务请求,由于最小连接数算法不能真实地反映集群节点的实际负载状况,导致集群负载仍然不均衡,从图中 60s 的集群负载分布状况可以看出。

相同实验条件下,当采用传统动态反馈负载均衡算法时,集群中每台流媒体服务器的负载变化情况如图 5.29 所示。

从图 5.29 可以看出,初始时刻 (即 0s),由于集群节点的处理性能存在差异,所以集群节点的负载权值并不相同。30s 时,由于传统的动态反馈负载均衡算法根据对集群节点负载影响较大的几个负载性能指标计算其负载权值，并且隔固定周期反馈节点的负载状况，相比最小连接数算法，能够较大地提升集群的负载均衡效果，集群负载基本均衡。在 45s 时，突发大量并发任务请求，由于传统的动态反馈负载均衡算法的负载反馈周期是固定的，在负载反馈周期内，当集群节点上部分任务处理完成时，此时该节点的负载已经发生了较大变化，但是该变化并未及时反馈给负载均衡器，集群依照上周期反馈的负载权值进行任务分配，导致负载较轻节点分配的任务数相对较少，造成集群负载不均衡，如 60s 时的 EDSS2 和 EDSS4，最终负载小于集群其他节点，整个集群负载分布不均衡。

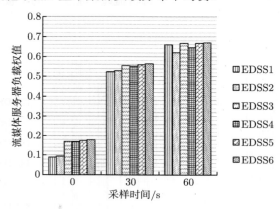

图 5.29　使用传统动态反馈负载均衡算法时集群的负载均衡结果

相同实验条件下，当采用优化调度策略时，集群中每台流媒体服务器的负载变化情况如图 5.30 所示。

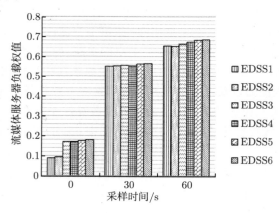

图 5.30　使用优化调度策略时集群的负载均衡结果

从图 5.30 可以看出, 初始时刻 (即 0s), 由于集群节点的处理性能存在差异, 所以集群节点的负载权值并不相同。30s 时, 由于优化调度策略能够根据集群节点任务数的变化来动态修改反馈周期, 及时反馈集群节点的真实负载状况, 所以相比使用传统动态反馈负载均衡算法, 使用优化调度策略的集群负载均衡效果有所提升。在 45s 时, 突发大量并发任务请求, 由于优化调度策略采用了集群节点分类的方法, 有效地降低了某节点因任务结束所造成的负载变化对集群负载均衡效果的影响, 从图中 60s 的集群负载分布状况可以看出, 集群仍然负载均衡。

总结上述所有实验可知, 优化的动态反馈负载均衡调度策略可以及时地反馈集群节点的真实负载状况, 有效提高集群负载均衡的准确性。

5.5　本 章 小 结

本章首先介绍了集群负载均衡技术的发展, 其次深入分析与研究了现有的静态和动态负载均衡算法, 明确各种调度算法的适用场景, 然后针对传统动态反馈算法存在的问题做出如下改进:

(1) 根据集群节点每秒钟任务连接数的变化量动态地修改负载反馈周期, 提升集群节点负载反馈的及时性。

(2) 将集群节点按其负载状况分为低负载、正常负载和高负载三类, 类之间根据总的负载权值进行任务分配, 类中采用最小连接数算法分配任务, 解决处理大量并发任务请求时存在的负载倾斜问题。

(3) 采用流媒体服务器的中继/转发功能实现过载节点的负载迁移, 进一步提升集群的负载均衡效果。

最后, 本章对优化的负载均衡调度策略进行编码实现, 并搭建流媒体服务器集群对优化的调度策略进行验证, 并同传统的动态反馈负载均衡算法和最小连接数算法进行比较。

参 考 文 献

[1] 王红斌. Web 服务器集群系统的自适应负载均衡调度策略研究 [D]. 长春: 吉林大学, 2013.

[2] LIU Y, WANG L S. Design and implementation on self-adaptive dynamic load balance services in EJB cluster system[J]. Application Research of Computers, 2008, (07): 2064-2067.

[3] ZHANG Q, GE Y F, LIANG H, et al. A load balancing task scheduling algorithm based on feedback mechanism for cloud computing[J]. International Journal of Grid and Distributed Computing, 2016, 9(4): 41-52.

[4] 哈渭涛, 陈莉萍, 王宇平. 云环境下的服务质量 SLA 违例预测模型 [J]. 西北大学学报 (自然科学版), 2017, 03(47): 375-382.

[5] TIAN S L, ZUO M, WU S W. Improved dynamic load balancing algorithm based on feed-back[J]. Computer Engineering and Design, 2007, (03): 572-573.

[6] HA W T, ZHANG G J, CHEN L P. Conformance checking and QoS selection based on CPN for Web service composition[J]. International Journal of Pattern Recognition and Articial Intelligence, 2015, 29(2): 1-16.

[7] LIA D C, WUA C. Determination of the parameters in the dynamic weighted Round-Robin method for network load balancing[J]. Computers & Operations Research, 2005, (32), 2129-2145.

[8] 哈渭涛. 云计算中服务质量的概率预测和评估方法研究 [J]. 渭南师范学院学报, 2016, 24(31): 9-13.

[9] 哈渭涛, 陈莉萍. 利用新的模糊免疫分类器的评价模型设计 [J]. 电子设计工程, 2011, (4): 10-12+16.

[10] 蒋文康. 集群环境下自主负载均衡的研究 [D]. 成都: 电子科技大学, 2014.

[11] 王春娟, 董丽丽, 贾丽. Web 集群系统的负载均衡算法 [J]. 计算机工程, 2010, (02): 102-104.

[12] 魏钦磊. 基于集群的动态反馈负载均衡算法的研究 [D]. 重庆: 重庆大学, 2013.

[13] 陈练达, 曾国苏. 基于因子分析的动态负载均衡算法 [J]. 微型机与应用, 2015, (02): 59-62.

[14] 陈莉萍, 王宇平, 哈渭涛. Web 服务中隐私信息违例识别与补偿策略设计 [J]. 计算机工程与设计, 2017, 08(38): 2015-2019.

[15] 王以彭, 李结松, 刘立元. 层次分析法在确定评价指标权重系数中的应用 [J]. 第一军医大学学报, 1999, (04): 377-379.

[16] 连加典, 刘宏立, 谢海波, 等. 基于预测机制的分级负载均衡算法 [J]. 计算机工程与应用, 2015, (11): 67-71.

[17] HA W T. Reliability prediction for Web service composition[J]. Computational Intelligence and Security, 2017, (1): 570-573.

[18] 孙刚. 基于支持向量机的多分类方法研究 [D]. 大连: 大连海事大学, 2008.

[19] 崔建, 李强, 刘勇, 等. 基于决策树的快速 SVM 分类方法 [J]. 系统工程与电子技术, 2011, (11): 2558-2563.

[20] 哈渭涛. 基于 MPEG-4 流媒体数据压缩与传输系统的分析与实现 [J]. 渭南师范学院学报, 2009, (2): 56-58.

[21] CHEN L P, HA W T. Conformance checking and QoS selection based on CPN for Web service composition[J]. Computational Intelligence and Security, 2017, (1): 273-276.

[22] 郎宇宁, 蔺娟如. 基于支持向量机的多分类方法研究 [J]. 中国西部科技, 2010, (17): 28-29.

第6章　移动环境下流媒体数据传输

目前，以智能手机为代表的高能力移动终端得到了迅速发展，仅 2016 年的智能手机销售量就超过 14.7 亿台，其实在 2013 年底智能手机等移动终端的数量就已经超过 PC，而按照这样的速度这些移动设备的数量在未来还会大幅增长，很快移动终端将成为因特网数据通信的主体[1]，所以移动终端以及移动通信环境将会成为未来大量计算应用的基础工作环境。当然，移动终端和移动通信的迅速增长绝不是偶然的，有必然的背景和基础，除了核心技术的发展成熟、集成电路工艺的提高、无线通信设施能力的提高这些技术性因素以外，应用需求是导致上述增长的直接诱因和重要推动力。移动设备和移动通信除了能方便用户随时随地地接入因特网以外，应用智能手机可以采集用户位置等上下文信息、应用大规模移动感知数据的共享与智能化处理、应用移动节点上的有效合作等技术[2,3]，可以构建诸如智能家居、公众安全、环境监测、智能交通、灾难救援等很多应用，而正是这些应用让人们所处的生活环境和工作环境更加高效、更加智能也更加美好[4]。因此可以认为，移动设备和移动通信是许多新兴计算应用的基本工作环境，课题的研究也是以这一环境为背景。

而在移动无线通信网络上一个有趣的统计结论是：在移动无线通信中针对视频的流媒体通信将占到绝大多数，而且增长的速度非常快，根据统计结果完全可以预测，视频数据传输将会成为未来无线移动通信中占绝对主导的一种应用[5,6]。除了在未来的数据通信中占据重要地位以外，相比其他数据通信而言，流媒体数据的传输存在两个非常显著的特征：一是通信数据量大，这就对信道容量 (也就是吞吐量) 提出了很大的要求；二是对通信的 QoS 要求高，只有保证严格的时间延迟和丢包率，才能保证用户连续流畅地观看到高质量的视频数据，这就对信道的质量提出了很高的要求[7]。因此流媒体数据传输是一种对信道容量和信道质量要求严格的任务，例如给出视频数据传输必须满足下面的条件才能满足用户要求：

$$D\left(t\right) < X\left(t\right) < B\left(t\right) \tag{6.1}$$

式中，$X\left(t\right)$ 是 t 时刻的累积性数据传输量，而 $D\left(t\right)$ 是 t 时刻不会影响用户观看视频流畅性的传输数据量的下界，也常被称为 buffer underflow 界，$B\left(t\right) = D\left(t\right) + b$ (b 是用户播放缓存的大小) 是导致用户缓存区溢出的上界[8]。上式表明，只有对通信网络的资源分配、路由机制、传输控制等内容给出非常精细的设计，才能保证这个近乎苛刻的数据传输要求。而与流媒体数据传输的严格要求相矛盾的是，移动无线通信环境由于干扰、衰减、多径等很多因素的影响，其上的通信性能保证较有线通信要困难很多，而节点的移动就让节点间无线信号变得更加复杂；信号强度表现出的稳定性周期更短；通信性能会和节点间移动的方向、速度以及节点密度等参数有关，此时的通信性能保证就变得更加困难了。在移动通信环境下进行流媒体数据传输的研究并不少见，是目前科学研究和产业应用的一个热点领域。因此移动环境下的流媒体通信是一个具有重要价值又颇具挑战性的研究领域，该领域的研究对移动环境下的网络通信技术研究产生巨大的理论价值，对移动环境上流媒体应用以及其他相关应用产生巨大的实用价值，所以本章将以移动通信环境下的流媒体数据传输作为基本研究领域。

6.1　无线网络流媒体数据传输技术的研究现状

目前，有大量的关于无线网络流媒体数据传输的研究成果发表在网络、流媒体等领域的顶级国际会议和国际期刊上，例如在近两年的顶级国际会议 FOCOM、MOBICOM、ICC、ACMMM，顶级学术期刊 JASC、TWC、TMC、TON 上都有大量相关学术成果。但是，针对本项目给出的研究对象，即针对用户产生视频数据的移动无线通信传输，目前的研究结果仍然存在如下实质性不足。

(1) 用户产生的流媒体传输属于实时 uplink (上行) 传输，和目前被广泛研究的无线流媒体 downlink (下行) 传输有区别，目前对流媒体数据的实时 uplink 传输研究还很少，当然针对 uplink 和 downlink 同时存在的流媒体传输研究就更少了，许多基本问题需要深入研究。目前被广泛研究的无线流媒体传输都属于 downlink 传输，即从服务器那里将流媒体分发到无线网络中的各个节点，这是视频直播和视频点播等应用系统对应的基本结构。如朱晓亮等[9] 给出了无线 Mesh 网流媒体传输速率控制策略及模型，孙红、孙伟等[10,11] 给出了传输控制的研究，Aguayo 等[12] 进行通过多个服务器同时分发流媒体数据而提高服务质量的研究，Akella 等[13] 给出的工作是通过多个服务器同时分发来提高系统效果，再如 Zhao 等[14] 研究了如何在从源到多个目标的流媒体多播过程中通过对速率等参数的控制来实现 QoS 统计性等，这样的研究成果数不胜数。

应该注意到，流媒体数据的 downlink 和 uplink 传输存在着区别，从已有的研究工作可以看出，流媒体 downlink 传输研究的核心往往都是围绕一棵分发树而展开的，研究这棵分发树的优化结构，分发树建立的分布式算法利用了无线传输的广播特性如何构造优化的多播树，围绕用户提出的 QoS 要求如何给出分发树上各个节点的功率调整和速率设定等。之所以选择分发树作为流媒体 downlink 传输的基本结构，这是解决流媒体通信固有的高带宽需求问题所造成的直接结果 (前面已经论述过，对信道容量和信道质量的高要求是流媒体通信在移动无线通信环境下造成挑战的根本原因)。由于构建了分发树，上层节点的一次数据传输可以让多个下层节点接收视频，可以大幅缓解对信道造成的压力，因此在流媒体传输中多播树结构很常见。但是该结构能发挥作用的前提是有多个节点需要同样的视频数据，这样的前提虽然在流媒体 downlink 中很常见，但在流媒体 uplink 传输中应该很少见，因此在 uplink 传输中为缓解流媒体数据造成的通信容量 (带宽) 压力，会引出新问题和新结构。

图 6.1 描述了流媒体数据 downlink 传输和 uplink 传输的基本区别，不难看出，downlink 的数据传输要尽量创造多播的机会来降低通信负载，也就是整个数据传播过程会向内集中，如图 6.1(a) 所示；而 uplink 传输为了完成针对不同内容的流媒体传输要求，应该让传输不同内容的路径尽量分开，通过尽量减少干扰和实现负载均衡来满足用户提出的流媒体传输要求，所以此时的传输结构是如图 6.1(b) 所示的 multi-path 结构，是向外扩散的结构。针对这种向外扩散的传输结构，由于传输的视频内容不同，所以无法使用 downlink 中使用广播来节省通信的方法，也就是说传输的内容本身无法缩减，因此只能通过负载均衡来让流媒体造成的带宽压力得到分摊，提高通信的成功率。所以负载均衡，尤其是在对动态未知环境下 (一个用户不知道哪些用户还产生了视频数据上载) 实现用户公平性和负载均衡，是 uplink 流媒体传输结构要解决的一个关键性难点问题，这是一个和传统的 downlink 流媒体传输研究有显著区别的地方。

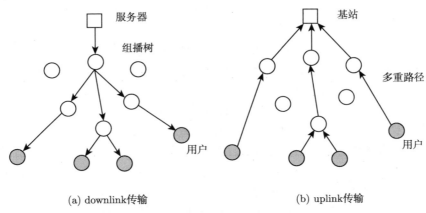

(a) downlink传输　　　　　　　　　　　(b) uplink传输

图 6.1　流媒体数据上行传输和下行传输的基本区别

另外，在无线流媒体传输研究中，也有部分研究工作是针对 video 数据的实时性 uplink 传输来开展的，如 Wu 等给出了一个联合调度和速率调整的跨层性系统化方法来提高 WiMAX 网络环境下 Camera 网络中实时视频数据上传的 QoS，主要研究了在 OFDMA 资源受限的情况下，如何针对多个信道质量不断变化的移动 Camera 产生的 uplink 传输实现公平调度 (发生在 BS 端)，以及在 Camera 端如何结合底层的 MAC 来实现应用层上的视频编码速率调整，针对视频数据的实时 uplink 传输，但工作集中在一跳范围内，而本项目的研究对象是如图 6.1(b) 所示的场景，因此本项目在研究基于 multiple paths 结构实现实时流媒体 uplink 传输时会遇到其他没有考虑的许多问题，如大量用户将其产生的流媒体数据进行上传时会导致某些中继节点拥塞的问题。除了 Camera 网络以外，多媒体传感器网络 (wireless multimedia sensor networks，WMSNs) 也是一类常见的 video uplink 场景，Wang 等针对 WMSNs 研究了如何利用多个 Camera 之间相关性来构造合适的传输结构 [实际上就是如图 6.1(b) 所示的结构]，降低传输的数据量。而在本项目的研究对象中，用户产生的流媒体数据之间的相关性是动态的，且很难预先知道，这种情况下如何利用这个相关性来降低通信负载是本项目要研究的一项新内容，另外本项目研究 video 数据的带 QoS 要求的传输，Wang 等没有考虑 QoS 要求，主要是没有实时性要求。Melodia 等从保证传输的多媒体数据满足 QoS 要求的角度出发对整个传感器网络结构进行了重新分析和设计，着重考虑了感知设备能力严重受限、无线多跳网络信号干扰以及协议校中的多个层次会协同影响 QoS 的保证等多个具体问题，提出了一个跨层式解决方案，虽然本项目也会遇到和上面相似的一些问题，如用户设备能力有限等，但 Melodia 等的研究结果对本项目有启发性，本项目的研究对象是将现实世界中普通手机用户拍摄的 video 数据进行实时上传，和 WMSNS 的统一部署与完全合作相比，本项目中的节点在决策其通信协议时对网络拓扑、其他节点产生的通信需求等信息未知，这就给此时的数据传输协议设计带来了新的难题。

在实际环境中，由于 uplink 通信和 downlink 通信同时存在：既有将用户产生的视频数据上传，又有从服务器那里下载流媒体数据，而前面的分析结果表明 uplink 和 downlink 又存在着一些本质上的区别，这就形成了一个异构的复杂工作环境。在这个环境下如何建立高效的数据传输结构，如何合理地利用无线资源来同时满足多个用户提出的 QoS 要求，如何有效地应对节点的移动 (尤其是源节点和目标节点的移动) 等很多问题，比目前单纯研究 downlink 或 uplink 时出现的问题要来得更加复杂，例如进行多个移动用户参加的视频会议，是选择先形成 uplink 树 [图 6.1(b)] 然后再建立 downlink 树 [图 6.1(a)] 的结构，还是建立以产生 video 数据的节点为根的多棵 downlink 树作为基本的传输结构，亦或是采用其他更为复杂的混合式结构？针对诸如此类的基本问题，目前国内外还没有给出具有说服力的研究成果。

(2) 在移动环境下保证流媒体数据传输的性能要求，需要额外的通信负载来应对移动造成的通信环境动态变化，在综合维护代价和传输代价的基础上如何实现流媒体数据的高效传输，这是目前研究仍然很少关注的一个重要问题。

移动设备的广泛普及使得移动通信成为一种基本通信环境，而移动造成的直接结果就是此时的通信环境动态变化更强烈, 通信过程中的不确定因素更多。与之相对应的却是流媒体通信的严格 QoS 要求, 如对通信延迟持续的严格要求, 而移动导致的直接结果是通信链路的不稳定, 就直接导致从源到目标的通信性能很不稳定, 此时流媒体所要求的持续性 QoS 要求就很难保证, 这是移动环境给流媒体通信造成的主要挑战性问题。解决这个问题的基本思路是设计能根据通信环境变化而自适应调整的流媒体通信协议, 当然绝大多数自适应调整都必然要引起额外的通信负载来维持流媒体通信的性能, 这就引出了维护代价和传输代价的折中问题, 即为了降低维护代价, 必须要产生一定的冗余来应对环境变化, 会造成传输代价增大, 反过来也是一样, 所以本书所研究的移动环境下流媒体传输就会引起一个基本问题: 在综合维护代价和传输代价的基础上如何实现流媒体数据的高效传输, 这是目前相关研究仍然很少关注的一个重要问题。

虽然也有一些工作研究了流媒体传输如何应对底层通信环境的变化, 如 Lu 等给出了一个能够在动态网络中自适应地找到那些更适合发起重传的 relay 节点, 文章的研究结果表明该方法可以显著提高动态环境流媒体传输的性能, 但该文只是针对一条传输路径的研究, 这和本项目的研究对象存在显著区别[15,16]。另外在近两年的网络研究中出现一个关于移动环境下如何实现高效多播的研究领域, 如韩莉等给出了移动环境下多播能力的分析以及相应的多播算法, 由于流媒体通信通常要借助多播来解决媒体通信造成的高带宽问题 [如图 6.1(a)], 所以移动环境下如何进行有效的多播就成为一个影响移动环境下流媒体传输效率的基础性问题, 所以这些研究工作对本课题的研究有借鉴作用, 但是由于这些研究工作都是针对多播能力的一般性理论研究, 并不一定能很好地适用于流媒体传输, 如在满足流媒体所提出的各种 QoS 要求这一约束条件下, 一般性的多播能力分析结果和相关算法就不一定成立[17]。当然, 这些研究工作也没有考虑维护代价和传输代价的折中问题。

(3) 移动用户产生的流媒体数据量会非常庞大, 势必对无线网络通信造成很大压力, 在尽量提高用户满意度的同时, 如何有效缓解无线通信压力是目前没有解决的重要问题。

现在, 智能手机上的摄像头能力越来越强, 使用场合也越来越广泛, 如 iPhone 6 的摄像头达到 800 万像素, 而 OPPO 手机的摄像头是 1000 万像素。而现在的人们也非常愿意将自己拍摄的视频等媒体文件共享到网络上, 在社交网络的朋友之间互传, 大规模高质量视频文件的网络共享造成的结果是需要在无线网络上传输非常大量的流媒体数据, 对本来就紧缺的无线网络通信资源造成更大压力, 许多网络服务提供商开始采取一些手段 (例如向大数据量用户收费) 来抑制来自用户的大量流媒体数据的上传。尽管这样的方法取得了效果, 但却是以降低用户对系统的使用效果为代价的, 从长远角度而言, 这是一种不明智的做法, 所以本课题要给出一种有效的方法，在不影响用户使用效果前提下，能有效缓解用户产生的流媒体对无线通信造成的压力，这样的有效方法在目前的研究工作中还没有给出。

针对用户产生的数据，Trestian 等给出了一种驯服方法，实际上就是根据用户产生的流媒体数据的一些特征以及上传这些流媒体数据的一些特征来设计合适的上传位置和上传时机来降低通信压力。具体的实现方法是改变用户的上传时机并在现有的网络中的合适位置上放置一些称为 Drop Zones 的高服务能力子网，从而使得用户产生流媒体的上传尽量出现在 Drop Zones 区域。显然使用该方法并没有降低用户的使用效果，因为针对用户行为的统计分析发现用户的上传动作通常距离视频拍摄的时间有一定的时间间隔，所以可以被推迟到 Drop Zones 再发起 upload 动作，而 Drop Zones 的引入使得通信能力有显著的提高，但又不需要进行代价太过高昂的整网升级。Trestian 等的研究结果对本项目有很大的启发性，但是该文的研究背景是针对用户产生的内容进行非实时 upload (这些内容是不是流媒体数据并不重要)，而本课题主要的研究对象是对用户产生的流媒体数据进行实时的 uplink 传输，所以 Trestian 等给出的方法不能直接使用，但是该文给出的发现用户行为特征和升级网络关键区域的能力这些思想在本项目中是可以发挥作用的。

除了利用数据传输要求的特征来有效升级服务系统的能力以外，常见的缓解通信压力的方法还有：利用传输内容的相关性；在变化的信道上用尽量少的负载达到无线信道的香农能力。实际上这三个方面构成了缓解无线通信压力的三种基本方法：升级通信服务能力、减少传输的数据量、充分利用信道资源，这三个方面构成了目前无线通信领域的主要研究工作。针对用户产生的流媒体数据 uplink 传输，如何利用传输内容之间的相关性来减少传输的数据量，是 WMSNs 研究中的重点内容，虽然同样的基于条件熵编码的方法在本项目中也可以使用，但是本项目中的 Camera 并不像 WMSNs 那样是统一部署、完全合作的，所以需要对现有的处理方法进行深入改造才能适用于本课题。针对充分利用动态的无线信道资源这个方面的研究，Gudipati 等给出了一种高效而优美的综合性解决方案，可以取得很好的效果，但针对本项目的研究该文存在严重缺陷：没有考虑数据包的 Deadline，所以针对有 Deadline 等严格 QoS 要求下的流媒体通信，如何达到无线信道最充分的利用是本项目一项研究工作。另外，随着流媒体数据的指数增长，无线信道的传输能力一定有无论如何都不能满足要求的时候，此时只能通过有取舍地选择一些用户产生的视频内容丢弃或者是降低其质量，如何进行有效的选择来使得用户的整体满意度达到最大，这也是本项目的一项研究工作，而针对该问题目前还没有具备说服力的研究结果。

(4) 目前给出的无线流媒体传输研究绝大多数都是理论研究，虽然也有一些 testbed，但规模很小且没有实际应用背景，尤其是针对移动通信环境。项目组认为目前已经具备条件实现一个中等规模且有实用价值的移动流媒体系统来促进研究和产业的共同发展。

目前给出的无线流媒体技术研究往往都是理论研究，即大多都是以数学建模为基础开展研究工作，采用软件模拟进行实验验证。例如 Dutta 等[18] 在 INFOCOM 上发表的针对无线流媒体系统的 QoE(quality of experience) 研究结果，尽管是对流媒体观看的用户体验的研究，该文使用的实验手段是在 Markov 信道模型的软件仿真上进行的。Lu 等给出的研究结果中是用 10 个实际的无线设备在一层楼内进行实地实验，虽然实验场景是真实的，但是规模很小且没有实际应用背景，只能测量数学参数，真正的用户体验无法收集。Golrezaei 等将校园中的真实视频请求作为 trace 输入在模拟环境中进行实验，虽然从规模上和实际的用户需求上具有一定的说服力，但仍然是一个基于 trace 的模拟，和实际使用的系统在验证能力上还是存在很大差别，例如这个 trace 只是对 video 请求的 trace，根本无法反映实际系统中需要将用户产生的 video 进行上传。

针对这个问题，目前已经完全具备实现一个中等规模且有实用价值的移动流媒体系统的能力和条件，为此项目组将搭建一个实际移动流媒体应用所需的硬件系统，并完成其上对应的软件系统开发。项目组将以流媒体直播、现场监控和视频会议这三个具有代表性意义的应用作为应用驱动，在校园里实现具有真实使用价值的移动流媒体系统来验证本项目给出的理论研究结果，同时该系统作为本项目研究的一个主要成果在一些公共场合如学校、医院、办公大楼、旅游景区等进行推广使用，大力促进学术研究向产业应用的推广，同时也实现了工程应用实践对学术研究水平的提升。

文献 [19] 给出了背压算法的描述，下面给出传统背压算法的介绍。

背压算法的核心思想是在相邻时间间隔内最小化网络队列积压，平衡网络负载。每个时刻都有可能有数据到达网络，把发送到 c 节点的数据称作 c 资源。$\mathcal{Q}_n^{(c)}(t)$ 表示 t 时刻节点 n 中 c 资源的数量；$A_n^{(c)}(t)$ 表示 t 时刻到达 n 节点最终发送到 c 节点的资源数量；$\mu_{ab}(t)$ 表示时刻 t 链路 (a,b) 的传送速率，即时刻 t 由节点 a 传送到节点 b 资源的数量；$S(t)$ 表示网络的拓扑状态；$\Gamma_{S(t)}$ 表示在拓扑状态 $S(t)$ 下可获得的传输速率矩阵集合。

每个时刻背压控制器都会观测 $S(t)$，执行以下三个步骤：

(1) 对每条链路 (a,b)，选择一个最优的资源 c，用 c_{ab}^{opt} 表示。$c_{ab}^{\text{opt}}(t)$ 的选取是能最大化 $\mathcal{Q}_a^{(c)}(t) - \mathcal{Q}_b^{(c)}(t)$ 积压的资源 c，其中 $c \in \{1, \cdots, N\}$。

(2) 确定使用 $\Gamma_{S(t)}$ 中的哪个传输速率矩阵 $(\mu_{ab}(t))$。一旦链路的最优资源被选中，网络控制器将计算权重 $W_{ab}(t)$：

$$W_{ab}(t) = \max\left[\mathcal{Q}_a^{\left(c_{ab}^{\text{opt}}(t)\right)}(t) - \mathcal{Q}_b^{\left(c_{ab}^{\text{opt}}(t)\right)}(t), 0\right] \tag{6.2}$$

然后控制器会选择传输速率矩阵来解决如下问题:

① 最大化 $\sum\limits_{a=1}^{N}\sum\limits_{b=1}^{N}\mu_{ab}(t)W_{ab}(t)$;

② 满足约束 $(\mu_{ab}(t))\in\Gamma_{S(t)}$。

根据上面解决的问题选取使 $\sum\limits_{a=1}^{N}\sum\limits_{b=1}^{N}\mu_{ab}(t)W_{ab}(t)$ 最大化的传输速率矩阵 $(\mu_{ab}(t))$。

(3) 决定在链路 (a,b) 上传输最优资源 $c_{ab}^{\text{opt}}(t)$ 的数量。

经过以上两步,$c_{ab}^{\text{opt}}(t)$ 与 $(\mu_{ab}(t))$ 已定,如果链路 (a,b) 中最优资源 $c_{ab}^{\text{opt}}(t)$ 的积压是负的,说明当前时刻没有数据在链路上进行传输;否则,网络会提供最优资源 $c_{ab}^{\text{opt}}(t)$ 的传输速率 $(\mu_{ab}(t))$ 来定型路由变量 $\mu_{ab}^{(c)}(t)$:

$$\mu_{ab}^{(c)}(t)=\begin{cases} \mu_{ab}(t), & \text{如果 } c=c_{ab}^{\text{opt}}(t),\ Q_a^{\left(c_{ab}^{\text{opt}}(t)\right)}(t)-Q_b^{\left(c_{ab}^{\text{opt}}(t)\right)}(t)\geqslant 0 \\ 0, & \text{其他} \end{cases} \tag{6.3}$$

然而,可能当前某一商品的数目不能满足外部链路提供的速率,即 $\mu_n^{(c)}(t)<\sum\limits_{b=1}^{N}\mu_{nb}^{(c)}(t)$,这种情况下 $Q_n^{(c)}(t)$ 数据会被传送,并用空数据来填充速率要求中未用到的部分。

针对图 6.2 所示的实例,在无线网络半双工传输的约束下,$\{l_1,l_4\}$ 和 $\{l_2,l_3\}$ 是两个可行调度链路集合,两个集合对应的背压值之和分别为 5 和 1,所以显然应该选择 $\{l_1,l_4\}$ 进行调度。背压的直观想法就是选择压力最大的那些连接优先卸载这些连接上的压力,显然当一个节点有多个邻居节点时 (如图 6.2 所示,l_1,l_2 的头节点就有两个邻居),选择背压数值大的链路实际上就是选择了邻居节点中负载轻的节点 (对应的队列长度要短) 进行传输,显然直观上讲可以起到负载均衡的效果,可以充分发挥各个节点和链路的通信能力来完成通信任务。

另外,关于背压算法,文献 [20] 针对网络通信提出了一种可扩展的、分布式的、适应性的路由算法。背压算法仅需要队列长度信息就可作路由决策,但是它要求对每一个目标节点有分开的队列,阻止了背压算法在像因特网这样的大规模网络里的实现,因此提出了一种基于集群的背压路由算法,该算法保持了背压算法的可分布性和适应性,同时显著减少了每个节点必须维持的队列的数目。文献 [21] 从理论上介绍了背压路由调度的基本原理,并在 802.11 MAC 协议之上实现了背压调度。文献 [22] 通过修改链路状态优化协议 (optimized link state protocol,OLSP),在原有的 802.11MAC 协议下对背压算法作了一个真实场景下的测试。文献 [23] 中提出一种无线多跳网络之上基于最短路径的背压算法,发现传统背压算法在路径选择上有一个比较严重的缺陷：传统的背压算法会探索每一个源和目的之间的所有可行路径，虽然这种情况在网络负载重的情况下为了维持稳定性是必要的，但在中度或轻度网络负载下，算法可能会探索一些没有必要的长路径，此时会有较高的端对端延迟。文中提出的算法会根据当前的网络负载情况恰当地选择路径，那些长的路径只有在必要的情况下才会用到，基于最短路径的背压算法减少了端对端延迟。文献 [24] 中给出了 WiFi 之上的加强背压算法，该算法的提出是为了在不牺牲吞吐量最优的情况下减少端对端的延迟，并通过 NS-3 仿真工具对 10 个节点的网络进行了实验模拟。

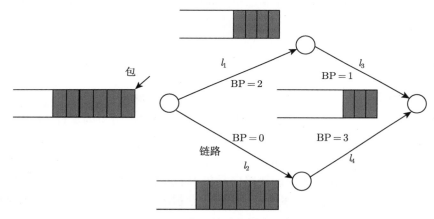

图 6.2 背压算法的基本思想

目前，背压算法广泛应用于无线网络通信的研究中，基于背压的路由/调度策略可以达到网络通信能力的最大利用，即 throughput-optimal，而这样的基本结论正好适用于在无线网络中用户产生流媒体数据上传时存在的通信压力问题，即可以用背压的思想让无线网络资源得到最大化应用。正是基于这样的想法，选择背压算法作为上述问题研究的基本方法，然后根据用户产生流媒体数据传输的典型要求来深入改造背压算法，将其应用到流媒体数据传输的研究中。

6.2 保证截止时间的流媒体传输背压算法

6.2.1 问题描述

由于研究的对象是移动通信环境下的用户，用户的移动会导致以下问题：① 已经建立的连接中断；② 数据传输结构效果变差或者失效；③ 无线连接的变化更加频繁，针对通信环境中的监控更难实施。而这些因素都将直接导致流媒体传输的 QoS，最常见的问题就是让 video 帧因为延迟时间过长而失效。因此需要保证流媒体传输的截止时间，本节提出一种保证截止时间的流媒体传输背压算法。算法的目标是在截止时间约束下达到吞吐量最优，相应数学模型描述如下：

(1) $\max \mu \cdot \omega$

(2) 满足约束 $\begin{cases} \mu \in \Gamma_{S(t)} \\ T_f > T, \mathcal{Q}_{l(f,j)}^{(f)}(t) = 0, i = 1, 2, \cdots, \text{length}(f) \end{cases}$

式中，μ 是可获得的传输速率矩阵，是链路权重矩阵；$\text{length}(f)$ 为流 f 由源节点到目标节点传输过程中所经过的节点的数目；$\max \mu \cdot \omega$ 也就是最大化每个时刻传送包的数目。上述问题可以转化为：在满足相同约束的情况下，$\max \sum_{a=1}^{N} \sum_{b=1}^{N} \mu_{ab}(t) W_{ab}(t)$，其中 $W_{ab}(t) = \max \left[\mathcal{Q}_a^{(c)}(t) - \mathcal{Q}_b^{(c)}(t), 0 \right]$。

6.2.2　模型定义

1. 网络模型

用图 $G = (N, L)$ 表示一个网络，其中 N 表示网络中节点的集合，L 表示网络中直接链路的集合。此处，假设 $|N| = N$，$|L| = L$。用 (m, n) 表示从节点 m 到节点 n 的链路，因此，用 μ_{mn} 表示链路 (m, n) 的传输速率，$\mu = \{\mu_{mn}\}$ 表示链路传输速率向量集。如果被 μ 所指定的链路向量集中的所有链路传输速率可以同时完成，则 μ 就是可以获得的链路速率向量。所有可获得的链路速率向量所组成的集合用 Γ 表示。

2. 通信模型

在网络通信中，用 f 表示一个网络流，$s(f)$ 表示流 f 源节点，$d(f)$ 表示流 f 的目标节点，用 F 表示网络中所有流的集合。用 $N(f, j)$ 表示流 f 中第 j 个节点 n_j，$n_j \in N$ 是网络中的节点，Q_f 表示流 f 中包的队列长度。用 T_f 表示流 f 中的包在网络中停留的时间，并将其作为流 f 的一个参数。假设时间是离散化的，用 $\mu_f(t)$ 表示流 f 在 t 时刻注入包的数目，假设 $\mu_f(t)$ 是随机独立同分布的。用 $\mathcal{Q}_a^{(c)}(t)$ 表示 t 时刻节点 a 中 c 资源的数量，$A_a^{(c)}(t)$ 表示 t 时刻到达 a 节点最终发送到 c 节点的资源数量，$\mu_{ab}(t)$ 表示 t 时刻链路 (a, b) 的传输速率，$S(t)$ 表示 t 时刻网络的拓扑状态，$\Gamma_{S(t)}$ 表示拓扑状态 $S(t)$ 下可获得传输速率矩阵集合，$\mathcal{Q}_{l(f,j)}^{(f)}(t)$ 或 $\mathcal{Q}_j^{(f)}(t)$ 表示 t 时刻流 f 在第 j 个节点的队列长度。

6.2.3　保证截止时间的流控制决策

本小节考虑带截止时间约束的流控制，所有的包都必须在规定的截止时间内转发到用户，所谓截止时间指的是数据包在网络状态正常的情况下交付到目的节点所需要的时间。本章以传统的背压算法为基础，提出了一种保证截止时间的背压算法。下面描述保证截止时间的流控制理论。

首先，定义流 $f = (s(f), \cdots, d(f), T_f)$ 是一个带包停留时间参数 T_f 的流，假设整个网络要求的截止时间为 T，由于传统的背压算法能够达到稳定状态，所以当网络达到稳定时，分别计算 F 中所有流 f 的参数 T_f，T_f 的计算方法如下：

$$T_f(t) = \frac{Q_f}{\mu_f(t)} = \frac{\sum\limits_{j=1}^{\text{length}(f)} Q_{l(f,j)}^{(f)}(t)}{\mu_f(t)} \tag{6.4}$$

然后，将 T_f 的值与 T 作比较，采取如下的决策：

(1) 如果 $T_f \geqslant T$，令 $Q_{l(f,j)}^{(f)}(t) = 0$，$j = 1, 2, \cdots, \text{length}(f)$，其中 $\text{length}(f)$ 为流 f 由源节点到目标节点传输过程中所经过的节点的数目，即将流 f 中所有的包从网络中移除。

(2) 对留下的调度集族调用传统背压算法。

以 6 个节点的网络拓扑为例，如图 6.3 所示。

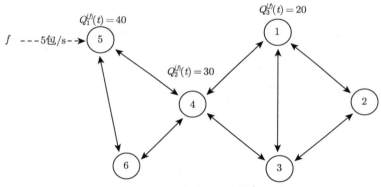

图 6.3 保证截止时间的流控制理论

流 $f = (5, 4, 1, 2, T_f)$，f 以每秒 5 个包的速率向源节点 5 发送数据包，假设网络要求的截止时间 $T = 10\text{s}$，已知网络达到稳定状态时，某个时刻整个流在各个节点包的数目分别为 40，30，20，则 $T_f = (40 + 30 + 20)/5 = 18\text{s} > T = 10\text{s}$，所以流 f 的数据包在网络中停留的时间不能满足网络的要求，应将这些从网络中移除，即 $Q_j^{(f)}(t) = 0$，$j = 1, 2, 3$。

6.2.4 保证截止时间的流媒体传输背压算法

1. 算法的基本思想

保证截止时间的背压算法是基于背压思想的路由/调度算法，将集中研究如何在保证每个包 p 从离开源节点 (进入网络) 到进入目标节点 (离开网络) 的时间延迟 $d(p)$ 满足条件 $d(p) \geqslant T$ 的条件达到此时的无线网络传输能力最大化。此处的解决方法是在源节点 s 控制流入 s 邻居节点 $N(s) = \{n_1, n_2, \cdots, n_k\}$ 的速率。设计该算法的核心思想是针对每个从 s 出发经过 n_i 到达 d 的流 f，由于传统的背压算法能够达到队列的稳定，当队列稳定时，队列的总长度 Q_{f_i} 和整个流的进入速率 $\mu_{f_i}(t)$ 均会满足稳定排队系统的 Little 定理 $Q_{f_i} = \mu_{f_i}(t) \times T_{f_i}$，其中 T_{f_i} 是一个数据包在队列中停留的时间，也就是数据包的延迟，所以 $T_{f_i} \leqslant T$ 当且仅当 $\dfrac{Q_{f_i}}{\mu_{f_i}(t)} \leqslant T$，正是这个原理导致了算法中的步骤 (3)，也是对数据包截止时间的保证。保证截止时间的流媒体传输背压算法的详细描述如下。

算法的输入：$G = (N, L)$，源节点 s，$N(s) = \{n_1, n_2, \cdots, n_k\}$，目标节点 d。

算法的输出：路由/调度方案。

算法的步骤如下。

步骤 (1)：从 s 节点出发针对每个 $n_i \in N(s)$，找出一个流 $f_i = (s, n_i, \cdots, d)$。

步骤 (2)：针对流 f_i，测量 f_i 中的队列总长度 Q_{f_i} 和进入速率均 $\mu_{f_i}(t)$。

步骤 (3)：如果 $\dfrac{Q_{f_i}}{\mu_{f_i}(t)} \geqslant T$，则将包含 $\langle s, n_i \rangle$ 的调度候选集合去掉。

步骤 (4)：对于留下的调度候选集合形成的集族，调用传统的基于队列长度的背压算法。

用 1_ϕ 表示带条件 ϕ 的指标函数，如果条件 ϕ 成立，则 $1_\phi = 1$；否则，$1_\phi = 0$。

给定的通信中有以下条件成立：

$$
\begin{aligned}
& Q_{l(f,j)}^{(f)}(t+1) = Q_{N(f,j)}^{(f)}(t+1) \\
&= Q_{l(f,j)}^{(f)}(t) + 1_{j \neq 1} V_{N(f,j-1)N(f,j)}(t) - V_{N(f,j-1)N(f,j)}(t) + 1_{j=1}\mu_f(t) \\
&= Q_{l(f,j)}^{(f)}(t) + 1_{j \neq 1} V_{n_{j-1}n_j}(t) - V_{n_j n_{j+1}}(t) + 1_{j=1}\mu_f(t)
\end{aligned} \tag{6.5}
$$

用 $V_{ab}(t)$ 表示 t 时刻由 $a \to b$ 实际传输包的数目，$\mu_{ab}(t)$ 表示 f 时刻由 $a \to b$ 传输速率，$u_{ab}(t)$ 表示 f 时刻由 $a \to b$ 未用到的传输速率，且三者之间存在以下关系：

$$
V_{ab}(t) = \mu_{ab}(t) - u_{ab}(t) \tag{6.6}
$$

当 a 队列中包的数目少于实际 (a, b) 链路的传输速率时，a 队列中的包会全部被传送。

$$
A_a^{(c)}(t) = \sum_{\forall f \in F, s(f)=a, d(f)=c} \mu_f(t) + \sum_{\forall n_j \in N, (n_j, a) \in f, n_j \in N} \mu_{n_j a}(t) \tag{6.7}
$$

$$
Q_a^{(c)}(t) = \sum_{\forall f \in F, T_f < T} \sum_{j=1}^{n} \sum_{N(f,j)=a, d(f)=c} Q_{l(f,j)}^{(f)}(t)
$$

$$= A_a^{(c)}(t) - \sum_{\forall n_j \in N, (a,n_j) \in f, n_j \in N} \mu_{an_j}(t) \tag{6.8}$$

2. 算法的稳定性理论证明

定理 1：保证截止时间的背压算法能够使得整个网络系统达到稳定状态。

证明：首先很容易验证 $\mathcal{Q}_s^{(d)}(t)$ 满足马尔可夫过程，因为保证截止时间的背压算法是基于时刻 f 队列长度和链路状态的路由调度决策。定义李雅普诺夫函数如下：

$$V(t) = \sum_{\forall s,d \in N} \left[\mathcal{Q}_s^{(d)}(t) \right]^2 \geqslant 0 \tag{6.9}$$

$$V(t) = \sum_{\forall s,d \in N} \left[\mathcal{Q}_s^{(d)'}(t) \right]^2 \geqslant 0 \tag{6.10}$$

由于传统的背压算法能够使得队列系统达到稳定，所以有 $\dfrac{V'(t+1) - V'(t)}{\Delta t} \leqslant 0, V'(t+1) - V'(t) \leqslant 0$，由于截止时间的要求，$\mathcal{Q}_s^{(d)'}(t)$ 与 $\mathcal{Q}_s^{(d)}(t)$ 之间存在以下关系：

$$\begin{cases} \mathcal{Q}_s^{(d)'}(t) = \mathcal{Q}_s^{(d)}(t) + \sum_{\forall f \in F} \sum_{T_f \geqslant T} \mathcal{Q}_f(t) \\ \mathcal{Q}_s^{(d)'}(t+1) = \mathcal{Q}_s^{(d)}(t+1) + \sum_{\forall f \in F} \sum_{T_f \geqslant T} \mathcal{Q}_f(t+1) \end{cases}$$

所以，有

$$\begin{aligned} V'(t+1) - V'(t) &= \sum_{\forall s,d \in N} \left[\mathcal{Q}_s^{(d)'}(t+1) \right]^2 - \sum_{\forall s,d \in N} \left[\mathcal{Q}_s^{(d)'}(t) \right]^2 \\ &= \sum_{\forall s,d \in N} \left[\mathcal{Q}_s^{(d)'}(t+1) \right]^2 - \left[\mathcal{Q}_s^{(d)'}(t) \right]^2 \\ &= \sum_{\forall s,d \in N} \left(\left[\mathcal{Q}_s^{(d)'}(t+1) + \mathcal{Q}_s^{(d)'}(t) \right] \left[\mathcal{Q}_s^{(d)'}(t+1) - \mathcal{Q}_s^{(d)'}(t) \right] \right) \\ &\geqslant \sum_{\forall s,d \in N} \left(\left[\mathcal{Q}_s^{(d)}(t+1) + \mathcal{Q}_s^{(d)}(t) \right] \left[\mathcal{Q}_s^{(d)'}(t+1) - \mathcal{Q}_s^{(d)'}(t) \right] \right) \leqslant 0 \end{aligned}$$

$$\begin{aligned} & \mathcal{Q}_s^{(d)'}(t+1) - \mathcal{Q}_s^{(d)'}(t) \\ &= \mathcal{Q}_s^{(d)}(t+1) - \mathcal{Q}_s^{(d)}(t) + \sum_{\forall f \in F} \sum_{T_f \geqslant T} \mathcal{Q}_f(t+1) - \sum_{\forall f \in F} \sum_{T_f \geqslant T} \mathcal{Q}_f(t) \\ &= \mathcal{Q}_s^{(d)}(t+1) - \mathcal{Q}_s^{(d)}(t) + \left(\sum_{\forall f \in F} \sum_{T_f \geqslant T} \mathcal{Q}_f(t+1) - \sum_{\forall f \in F} \sum_{T_f \geqslant T} \mathcal{Q}_f(t) \right) \end{aligned}$$

假设 $\forall \Delta t > 0$，网络的拓扑状态 $S(t)$ 保持不变，则

$$\mathcal{Q}_s^{(d)'}(t+1) - \mathcal{Q}_s^{(d)'}(t)$$

$$= \mathcal{Q}_s^{(d)}(t+1) - \mathcal{Q}_s^{(d)}(t) + \sum_{\forall f \in F} \sum_{T_f \geqslant T} \left[\mathcal{Q}_f(t+1) - \mathcal{Q}_f(t) \right]$$

$$= \mathcal{Q}_s^{(d)}(t+1) - \mathcal{Q}_s^{(d)}(t) + \sum_{\forall f \in F} \sum_{T_f \geqslant T} \sum_{i=1,(n_j,d) \in f}^{N} \mu_f(t) - V_{n_j d}(t)_f$$

当 $T_f \geqslant T$ 时，有 $\mu_f(t) > V_{n_j d}(t)$，所以，可得

$$\mathcal{Q}_s^{(d)'}(t+1) - \mathcal{Q}_s^{(d)'}(t) > \mathcal{Q}_s^{(d)}(t+1) - \mathcal{Q}_s^{(d)}(t)$$

因此，有

$$V'(t+1) - V'(t)$$

$$> \sum_{\forall s,d \in N} \left(\left[\mathcal{Q}_s^{(d)}(t+1) + \mathcal{Q}_s^{(d)}(t) \right] \left[\mathcal{Q}_s^{(d)}(t+1) - \mathcal{Q}_s^{(d)}(t) \right] \right)$$

$$= \mathrm{V}(t+1) - \mathrm{V}(t) \leqslant 0$$

即 $\dfrac{v(t+1) - v(t)}{\Delta t} \leqslant 0$ 成立，所以保证截止时间的背压算法能够使得整个网络系统达到稳定状态，证毕。

6.2.5 仿真与实验结果分析

通过实验仿真研究提出算法的性能，仿真通过 NS2 实现。考虑如图 6.4 所示的 64 节点网络，每两个节点之间的连接都是一条通信链路，所有的链路均为双向传输，且链路的传输能力为 1 包/s，假设所有链路都是正交的。同时假设所有链路的传输延迟均为 0。

创建如表 6.1 所示的 8 个数据流，仿真执行 100000 次法代，在该仿真实验中观察保证截止时间的流媒体传输背压算法和传统背压算法之间的性能差异。在实验仿真中，研究了每个节点的平均队列长度、网络的吞吐量以及丢包率等方面的内容。

首先，队列长度反映了网络中节点的负载压力情况，平均队列长度小，表明负载压力小，因此，研究算法中每个节点的平均队列长度，实验结果如图 6.5 所示，结果显示，平均队列长度小于传统的背压算法。

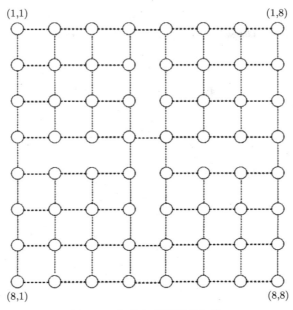

图 6.4 仿真实验的网络拓扑

表 6.1 网络中的流

流 ID	(源节点，目标节点)	流 ID	(源节点，目标节点)
1	((1,3),(2,5))	5	((1,1),(1,7))
2	((2,3),(2,7))	6	((4,3),(5,4))
3	((2,2),(1,6))	7	((4,6),(6,6))
4	((3,4),(2,7))	8	((5,3),(5,6))

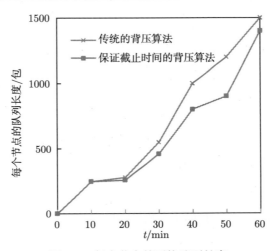

图 6.5 每个节点的平均队列长度

其次，计算算法中吞吐量，实验结果如图 6.6 所示，结果显示，提出的算法与传统的背压算法都能使得网络达到吞吐量最优。

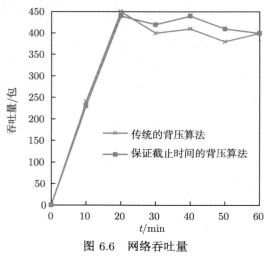

图 6.6   网络吞吐量

最后，丢包率也是衡量网络性能的指标，由于截止时间的引入，可能需要删除一些冗余的数据包，提出的算法丢包率也会比传统的背压算法更高。本实验结果如图 6.7 所示，保证截止时间的背压算法的丢包率较传统背压算法稍高。

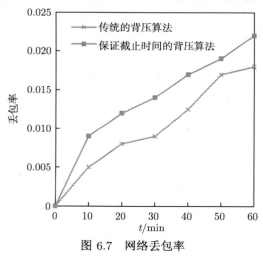

图 6.7   网络丢包率

6.3   基于簇的流媒体传输背压算法

背压算法的分布式网络传输在大型网络中收敛速度可能会很慢，这在一定程度上会导致网络达到吞吐量最优所需要的时间变长。为了加快流媒体传输的收敛速度，本节提出了一种基于簇的保证截止时间的背压算法，详细描述了网络的分簇策略和背压调度策略。最后通过实验验证了提出算法的性能。

6.3.1 网络拓扑节点分簇及模型定义

1. 网络分簇策略

首先要考虑对网络中的移动节点进行分簇，关于网络分簇算法，目前在顶级学术期刊中都有大量的相关学术成果发表。本章采用最小簇头改变算法，即最小 ID 算法与最大度算法的结合，该算法的核心思想是网络拓扑中选择度最大的节点作为当前簇的簇头，当簇内最大度的节点有多个的时候，选择 ID 最小的作为簇头节点，称同时属于多个簇的节点为网关节点，网关节点负责两个相邻簇之间的数据传输。在每个时刻，网络中的所有节点都会广播自己的 ID 和度的信息，从而保证在网络拓扑发生变化的时候能够重新组簇。

如图 6.8 所示为 8 个节点的网络节点分簇示意图。

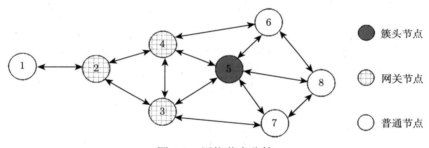

图 6.8 网络节点分簇

以图 6.8 所示的网络拓扑为例，按照最小簇头改变算法从网络节点中选择簇头节点，其中节点 5 的度最大为 5，所以选择 ID 为 5 的节点为簇头节点，与 5 节点邻接的所有节点组成一个簇，对于 2 号节点来说，其邻接点 3，4 的度都为 4，因此选择节点 ID 较小的 3 节点作为簇头节点，分簇的结果如图 6.8 所示。图 6.8 中的 2，3，4 节点为网关节点，负责不同簇间的数据传输。

2. 模型定义

假设网络分簇如图 6.8 所示，用 $C(n)$ 表示包含节点 n 的簇，B_c 表示簇 C 网关节点，$B_c = \{2, 3, 4\}$。针对上述部分的讨论，通信控制器，即簇头节点每个时刻都需要在源节点 s 处对流 $f = (s, d)$ 进行动态分流。如果源节点 s 和目标节点 d 在不同的簇中，那么流 $f = (s, d)$ 中的每一个包在被交付到目标节点以前都需要经过一些网关节点转发。在这种情况下，簇头节点需要决定选择哪个网关进行转发。作如下定义：

$$Q_r^{s,d}(t) = Q_s^{(r)}(t) + \hat{Q}_r^{(d)}(t) \tag{6.11}$$

式中，$Q_r^{s,d}(t)$ 表示源节点 s 通过簇 $C(d)$ 的每一个网关节点 r 转发到目标节点 d 的拥塞程度；$\hat{Q}_r^{(d)}(t)$ 表示需要经过网关节点 r 转发的整流后的队列长度，后面会给出其具体计算方法。如果源 s 是簇 $C(d)$ 的内部节点，则流 $f = (s,d)$ 的包可以直接发送到目标节点而不需要经过网关节点。因此，作如下定义：

$$Q_s^{0,d}(t) = Q_s^{(d)}(t), s, d \in C(d) \tag{6.12}$$

$$Q_s^{0,d}(t) = \infty, s \notin C(d) \tag{6.13}$$

簇头节点基于 $Q_r^{s,d}(t)$ 的信息进行调度决策。

6.3.2　基于簇的保证截止时间的背压算法

基于上述的分簇策略，提出了一种基于分簇的被压调度策略，并将其应用于保证截止时间的流媒体传输背压算法。

1. 基于簇的流媒体传输背压算法

基于簇的背压调度主要分为以下几步。

1) 分流及网关节点的选择

在时刻 t，节点 s 对注入 s 节点的包 $A_s^{(d)}(t)$ 进行分流为 $A_s^{r,d}(t)$，$A_s^{r,d}(t)$ 表示由源节点 s 注入的包经过网关节点 r 发送到目标节点 d 的包的数目。当节点 s 与 d 位于同一个簇内时，节点 s 中的包可以直接转发给目标节点 d，否则簇头节点会计算 $Q_r^{s,d}(t)$ 的值，选择 $Q_s^{s,d}(t)$ 的值小的网关 r 对 s 节点数据包进行转发，模型表示为

$$A_s^{r,d}(t) = \begin{cases} A_s^{(d)}(t), r = r^* \\ 0, r \neq r^* \end{cases}，其中 \ r^* = \arg\min_{r=\{0\}\cup B_{c(d)}} Q_s^{r,d}(t) \tag{6.14}$$

当 $r^* > 0$ 时，表示拥塞程度最小的网关节点；当 $r^* = 0$ 时，表示 $A_s^{(d)}(t)$ 中的包可以在簇内找到一条路径直接转发到目标节点，中途不需要网关节点进行转发。

2) 整流

网关节点 r 在簇 $C(r)$ 中针对每一个目的节点会保存一个真实的队列和一个整流后的队列。其中整流后的队列用 $\hat{Q}_r^{(d)}(t)$ 表示，其计算方法为

$$\hat{Q}_r^{(d)}(t) = \sum_{s: f(s,d) \in F} A_s^{r,d}(t) \tag{6.15}$$

3) 背压调度方法

在每个时刻，簇头节点都会通过解决下述最优化问题计算 $\mu(t)$ 的值：

$$\mu(t) = \arg\max_{\mu \in \Gamma_{s(t)}} \sum_{a=1}^{N} \sum_{b=1}^{N} \mu_{ab}(t) W_{ab}(t) \tag{6.16}$$

$$W_{ab}(t) = \max\left[\mathcal{Q}_a^{c(t)}(t) - \mathcal{Q}_b^{c(t)}(t), 0\right] \tag{6.17}$$

$$c(t) = \begin{cases} \arg\max_{\mu \in \cup cB_c} \left[\mathcal{Q}_a^{(r)}(t) - \mathcal{Q}_b^{(r)}(t)\right], b \in \cup cB_c \\ \arg\max_{\mu \in \cup cB_c} \left[\mathcal{Q}_a^{(c)}(t) - \mathcal{Q}_b^{(c)}(t)\right], 其他 \end{cases} \tag{6.18}$$

获得 $\mu_{ab}(t)$ 和 $C(t)$ 后，节点 a 会通过链路 (a, b) 以 $\mu_{ab}(t)$ 的速率将队列 $C(t)$ 中的包发送到节点 b，如果 $C(t) \neq b$，数据包在节点 b 会存储到队列 $C(t)$ 中。如果 $C(t) = b$ 且 b 是网关节点，那么节点 m 队列 $C(t)$ 中的包会发送到节点 b 或者经过网关节点 b 转发到其他簇。

2. 基于簇的保证截止时间的流媒体传输背压算法

基于前面给出的理论，给出基于簇的保证截止时间的流媒体传输背压算法。算法的核心思想是在分簇的网络中保证截止时间的流媒体传输，首先采用无线网络的最小簇头改变分簇算法对无线网络进行分簇，然后根据截止时间流控制理论选择满足截止时间的调度候选集，最后对留下的调度候选集采用基于簇的流媒体传输背压算法进行调度，具体的算法描述如下。

算法的输入：$G = (N, L)$，源节点 s，$N(s) = \{n_1, n_2, \cdots, n_k\}$，目标节点 d。

算法的输出：路由/调度方案。

算法的步骤如下：

步骤 (1)：采用多跳分簇的方法对网络进行分簇。

步骤 (2)：从 s 节点出发针对每个 $n_i \in N(s)$，找出一个流 $f_i = (s, n_i, \cdots, d)$。

步骤 (3)：针对流 f_i，测量 f_i 中的队列总长度 $\mathcal{Q}_{f_i}$ 和进入速率 $\mu_{f_i}(t)$。

步骤 (4)：如果 $\mathcal{Q}_{f_i}/\mu_{f_i}(t) \geqslant T$，则将包含 $\langle s, n_i \rangle$ 的调度候选集合去掉。

步骤 (5)：对于留下的调度候选集合形成的集族，调用基于簇的流媒体传输背压算法。

6.3.3　仿真与实验结果分析

通过实验仿真研究提出算法的性能，仿真通过 NS2 实现。考虑如图 6.4 所示的 64 节点网络，每两个节点之间的连接都是一条通信链路，所有的链路均为双向传输，且链路的传输能力为 1 包/s，假设所有链路都是正交的。同时假设所有链路的传输延迟均为 0。

　　创建如表 6.1 所示的 8 个数据流，仿真执行 100000 次迭代，在仿真中观察保证截止时间的流媒体传输背压算法和传统背压算法之间的性能差异。在实验仿真中，研究了每个节点的平均队列长度、网络的吞吐量及丢包率等方面的内容。首先，队列长度反映了网络中节点的负载压力情况，平均队列长度小表明负载压力小，因此，研究算法中每个节点的平均队列长度，实验结果如图 6.9 所示，结果显示，平均队列长度小于传统的背压算法，且在一定范围内小于保证截止时间的流媒体传输背压算法。

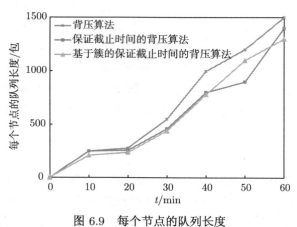

图 6.9　每个节点的队列长度

　　其次，吞吐量的实验结果如图 6.10 所示，结果显示，提出的算法与前述两种算法都能使得网络达到吞吐量最优，且达到最优状态所需时间最短。

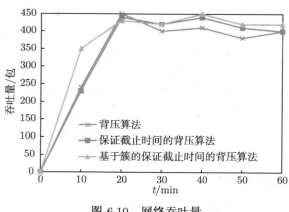

图 6.10　网络吞吐量

　　最后，丢包率也是衡量网络性能的指标，由于截止时间的引入，可能需要删除一些冗余的数据包，提出的算法丢包率也会比传统的背压算法要高。本实验结果如图 6.11 所示，基于簇的保证截止时间的背压算法的丢包率较传统背压算法稍高，与保证截止时间的背压算法相比不相上下。

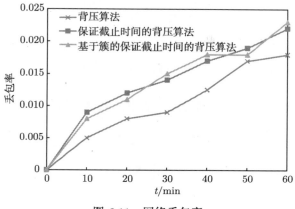

图 6.11 网络丢包率

本节针对背压算法分布式传输导致网络收敛速度慢的问题，结合分簇的理论知识，对背压算法调度策略进行了改造，并通过实验证明基于分簇的流媒体传输背压算法能够在确保网络信道吞吐量最优的同时，加快网络的收敛速度，提高用户的满意度指数。但是，背压算法还可能存在较高的端对端传输延迟，针对这一问题，在下一节将进一步研究。

6.4 基于最短路径的流媒体传输背压算法

6.4.1 问题描述

在前边的章节里，详细分析了保证截止时间的背压算法与基于簇的背压算法的调度机制，为了在充分利用网络资源的同时限制流媒体传输对其他传输的影响，减少端对端的传输延迟，本节要研究网络通信能力达到 throughput-optimal 的同时，$\sum_f A_{f,h} \times h$ 最小化的问题。

用流的源和目的来定义一个流。用 f 表示网络中的一个流，F 表示网络中所有流的集合，$A_f[t]$ 表示流 f 在时刻 t 产生包的数目。首先考虑每个流都与一个跳约束 H_f 相关的情况。路由调度算法需要保证流 f 的包在至多 H_f 跳的情况下交付到目标节点。注意到跳约束与端对端的传输延迟密切相关。针对这个问题，提出了基于最短路径的背压算法去探索最短路径信息，保证在跳约束的前提下使得网络吞吐量最优。然后也考虑到并非每个流都强加跳约束的情况，目标是最小化每个包被交付到目标节点时所需跳数的平均数 (或最小化源和目的的平均路径长度)。从

数学角度来说，给定一个通信量负载 $\{A_f[t]\}$，目标是

$$\min \sum_{f\in F, N-1\geqslant h>0} hA_{f,h}$$

式中，$A_{f,h}$ 表示流 f 用 h 跳路径交付数据包的速率。这个目标有以下两种解释：

(1) $\sum_{f,h} hA_{f,h}$ 可能被看作传输的数量需要支持通信量 $A_{f,h}$，因此，最小化 $\sum_{f,h} hA_{f,h}$ 就是最小化用来支持网络通信需求的网络资源。

(2) 注意到跳的数目与端对端的传输延迟密切相关，因此，$\sum_{f,h} hA_{f,h}$ 与流 f 的平均端对端传输延迟有关。因此，最小化 $\sum_{f,h} hA_{f,h}$ 可以用来替代最小化网络中所有流的平均端对端传输延迟。

为了解决这个问题，提出了一种通信控制和最短路径背压算法联合的方法，不但能够保证网络的稳定性 (吞吐量最优)，而且能够根据网络的通信量需求自适应地选择最优的路径。当通信量低的时候，算法只使用最短路径；当通信量增加时，为了支持通信量，更多的路径将会被选择。

6.4.2　模型定义

网络模型：考虑一个用图 $G=(N,L)$ 表示的网络，其中 N 表示节点的集合，L 表示网络中所有直接链路的集合。假设 $|N|=N, |L|=L$。用 (m,n) 表示从节点 m 到节点 n 的一条链路，$\mu_{(m,n)}$ 表示链路 (m,n) 上的传输速率，$\mu=\mu_{(m,n)}$ 表示链路传输速率向量。如果链路向量 μ 指定的链路向量能够同时传输，称 μ 是可采纳的。定义 Γ 为所有可采纳的链路向量的集合，很容易验证 Γ 依赖于干扰模型的选择，可能不是一个凸集合。因此，如果链路速率是时变的，那么 Γ 就是时变的。为了简化符号，假设所有链路是时不变的，但是，结果会以一种直接的方式延伸到时变链路，因此，对所有的链路 $(m,n)\in L$ 和所有的可采纳的 μ，假设存在 $\mu_{\max}$ 和 $\mu_{\min}$ 使得 $\mu_{\min}\leqslant\mu_{(m,n)}\leqslant\mu_{\max}$。

接着，如果 μ 属于 Γ 的凸壳，定义链路向量 μ 是可获得的，Γ 的凸壳用 $\mathrm{CH}(\Gamma)$ 表示。可行链路向量是指能够同时传输的那些速率集合，而可获得的链路向量是指那些在时间共享前提下能达到的速率集合。举一个简单的例子，一个包含两个节点 $\{1,2\}$ 和两条链路 $\{(1,2),(2,1)\}$ 的网络，假设两条链路的传输能力均为 1 包/时间槽，由于半双工传输的约束，每个时刻只能有一条链路传输，那么，$\mu=\{0.5,0.5\}$ 不是一个可采纳的链路向量，因为两条链路不能同时传输，然而在时间共享的前提下，它是一个可获得的链路向量。

通信量模型：对网络的通信量，用 f 表示表示一个流，$s(f)$ 表示流的源节点，$d(f)$ 表示流的目标节点。用 F 表示网络中所有流的集合，假设时间是离散化的，用 $A_f[t]$ 表示时刻 t 流 f 注入包的数目。此处假设 $A_f[t]$ 是满足随机独立同分布的，如果 $s(f) = d(f)$，则对任意一个时刻 t，都有 $A_f[t] = 0$。对任意的 t 和 f，都有 $A_f[t] \leqslant A_{\max}$，且 $E(A_f[t]) = A_f$。

6.4.3 跳约束的背压算法

在这部分，考虑每一个流都与一个跳约束 H_f 相对应的情况。流 f 的包需要在 H_f 跳内交付到目标节点。提出了一个跳约束的背压算法，算法在跳约束下能够使得网络吞吐量最优。

1. 跳约束下的网络吞吐量区域

用 1_ϕ 表示带条件 ϕ 的指标函数，如果条件 ϕ 成立，则 $1_\phi = 1$；否则，$1_\phi = 0$。对给定的通信量 $A = \{A_f\}_{f \in F}$ 和跳约束 $H = \{H_f\}_{f \in F}$，定义 A_G，如果存在 $\left\{ \hat{\mu} \begin{matrix} \{n,d,h\} \\ \{m,d,k\} \end{matrix} \geqslant 0 \right\}$ 使得如下的条件成立，那么 $(A, H) \in A_G$。

(1) 对任意的三元组 $\{n,d,h\}$，若 $n \neq d$ 且 $N-1, h > 0$，有

$$A_f 1_{\substack{s(f)=n,d(f)=d \\ H_f = H}} + \sum_{m:(m,n) \in L} \hat{\mu}_{\{m,d,h+1\}}^{\{n,d,h\}} = \sum_{j:(n,j) \in L} \hat{\mu}_{\{n,d,h\}}^{\{j,d,h-1\}} \tag{6.19}$$

(2) 如果 $h < H_{n \to d}^{\min}$，则

$$\hat{\mu}_{\{m,d,h+1\}}^{\{n,d,h\}} = 0 \tag{6.20}$$

式中，$H_{n \to d}^{\min}$ 是从节点 n 到节点 d 所需的最少跳数。

(3) $$\left\{ \hat{\mu}_{(m,n)} \right\}_{(m,n) \in L} \in CH(\Gamma) \tag{6.21}$$

式中，$\hat{\mu}_{(m,n)} = \sum_{\substack{d:d \in D \\ h:N-1 \geqslant h > 0}} \hat{\mu}_{\{m,d,h+1\}}^{\{n,d,h\}}$，且 D 是所有目标节点的集合。

把 $\hat{\mu}_{\{m,d,h+1\}}^{\{n,d,h\}}$ 看作是在链路 (m,n) 上的包经过 $h+1$ 跳传输到目标节点 d 的平均传输速率。由于一个包从 m 传送到 n，跳数也应该相应地减少 1，这就是 $\{n,d,h\}$ 的由来。下面解释上述的三个条件。

(1) 条件 (1) 是流保护约束，它表示以 h 跳流入节点 n 的数据包的数量等于以 $h-1$ 跳流出节点 n 的数据包的数目。注意到一个包从节点 n 发送出去后条件约束会减少，因为节点 n 需要 1 跳将数据包传送到它的邻居节点。仅考虑条约束最大为 $N-1$ 的情况，因为最长的无环路径长度仅仅为 $N-1$ 跳，且无环的路径不会改变网络的吞吐量区域。

　　(2) 条件 (2) 陈述了这样一种情况: 如果节点 n 不能在要求的跳数内交付数据包, 那么节点 m 到节点 n 的链路就不应该进行传输。

　　(3) 条件 (3) 是能力约束, 意思是速率向量 $\hat{\mu}$ 应该是可获得的。

　　2. 队列管理

　　这部分引进了一种队列管理机制。$H_{m \to d}^{\min}$ 表示节点 m 到节点 d 的最少跳数 (或节点 m 到节点 d 的最短路径长度)。$H_{m \to d}^{\min}$ 可以通过分布式方式的算法计算出来, 例如距离向量之类的算法。因此, 假设对所有的目标节点 $d \in D$, $H_{m \to d}^{\min}$ 对节点 m 来说都是已知的。

　　假设节点 m 维持一个分开的队列 $\{m, d, h\}$, 队列中所有的包都要求在 h 跳内交付到节点 d。对于目标节点 d, 节点 m 对 $H_{n \to d}^{\min}, \cdots, N-1$ 都维持分开的队列, 其中 $N-1$ 是无环路径中跳数的上界。

　　对于图 6.12 所示的网络, 假设 $D = \{4\}$, 即只有一个目标节点。每个非目标节点都维持三个队列 (因为在这个拓扑中, 每个非循环路径的最大长度为 3)。节点 1 对 $h = 1, 2, 3$ 都分别有相应的队列。节点 2 没有直接的路径到达节点 4($H_{2 \to 4}^{\min} = 2$), 因此只对 $h = 2, 3$ 维持相应的队列 (这里设置 $\mathcal{Q}_{\{2,4,1\}} = \infty$, 确保没有包会进入队列 $\mathcal{Q}_{\{2,4,1\}}$)。节点 3 对 $h = 1, 2, 3$ 都分别有相应的队列, 尽管观察到从节点 3 到节点 4 仅有一条可能的路径, 因为全局的网络拓扑并不能被每个节点获得, 所以需要维持这些额外的队列。最后, 在目标节点的所有队列都设置为 0(例如 $\mathcal{Q}_{\{4,4,h\}} = 0$)。在图 6.12 中, 可能到达的队列标记为实线, 固定为 $\{0, \infty\}$ 的队列标记为虚线。

　　用 $\mathcal{Q}_{\{4,4,h\}}[t]$ 表示 t 时刻的队列长度, $\mu_{\{m,d,k\}}^{\{n,d,h\}}[t]$ 表示在链路 (m, n) 上从队列 $\{m, d, k\}$ 到队列 $\{n, d, h\}$ 的包的传输速率。由于队列 $\{m, d, k\}$ 中的包需要在 k 跳内交付到目标节点, 因此这些数据包存放到队列 $\{n, d, h\}$, 当且仅当 $h \leqslant k-1$。例如, 队列 $\{2, 4, 3\}$ 中的包可以传输到队列 $\{3, 4, 2\}$ 或者队列 $\{3, 4, 1\}$, 因此, 在路由调度上提出了以下的约束:

　　队列 $\{m, d, k\}$ 中的包仅传输到队列 $\{n, d, h\}$ 当且仅当 $h \leqslant k-1$, 也就是说, 当 $h \geqslant k$ 时, $\mu_{\{m,d,k\}}^{\{n,d,h\}}[t] = 0$。

　　队列 $\{n, d, h\}(h \neq d)$ 的动态表示如下:

$$\mathcal{Q}_{\{n,d,h\}}[t] = \mathcal{Q}_{\{n,d,h\}}[t] + A_f 1_{\substack{s(f)=n,d(f)=d \\ H_f=h}} + \sum_{\substack{m:(m,n)\in L \\ k:k-1\geqslant h}} \nu_{\{m,d,k\}}^{\{n,d,h\}}[t] - \sum_{\substack{i:(m,i)\in L \\ l:h-1\geqslant l}} \nu_{\{n,d,h\}}^{\{i,d,l\}}[t] \tag{6.22}$$

式中, $\nu_{\{n,d,h\}}^{\{i,d,l\}}[t]$ 表示队列 $\{n, d, h\}$ 到队列 $\{i, d, l\}$ 传送包的实际数目, 当队列 $\{n, d, h\}$ 没有足够的包时, 其值小于 $\mu_{\{n,d,h\}}^{\{i,d,l\}}[t]$。定义 $u_{\{n,d,h\}}^{\{i,d,l\}}[t]$ 表示未使用到的速率, 则有

$$\nu_{\{n,d,h\}}^{\{i,d,l\}}[t] = \mu_{\{n,d,h\}}^{\{i,d,l\}}[t] - u_{\{n,d,h\}}^{\{i,d,l\}}[t] \tag{6.23}$$

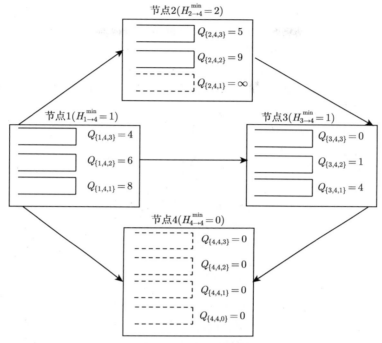

图 6.12 背压值计算及队列管理

定义 $\mathcal{Q}_{\{m,n,h\}} = 0$，也就是说目标节点接收到的包会立即从网络中删除。

3. 最短路径辅助背压算法

与传统背压算法不同的是，针对每个目标节点都有一系列的跳队列。因此，在队列管理机制下，首先定义链路 (m,n) 的背压值。定义 $P_{\{m,d,k\}}^{\{n,d,h\}}[t]$ 表示链路 (m,n) 上队列 $\{n,d,h\}$ 和队列 $\{m,d,k\}$ 之间的背压，其表达式为

$$P_{\{m,d,k\}}^{\{n,d,h\}}[t] = \begin{cases} \mathcal{Q}_{\{m,d,k\}}[t] - \mathcal{Q}_{\{n,d,h\}}[t], \text{如果 } h \leqslant k-1 \text{且} h \geqslant H_{n \to d}^{\min} \\ -\infty, \text{其他} \end{cases} \tag{6.24}$$

链路 (m,n) 的背压值定义为

$$P_{(m,n)}[t] = \max \left\{ \max_{k \in D, h, k} P_{\{m,d,k\}}^{\{n,d,h\}}[t], 0 \right\} \tag{6.25}$$

以图 6.12 所示为例，很容易验证以下结论：

$$P_{(1,3)} = \mathcal{Q}_{(1,4,3)} - \mathcal{Q}_{(3,4,2)} = 3, P_{(1,4)} = \mathcal{Q}_{(1,4,1)} - \mathcal{Q}_{(4,4,0)} = 8, P_{(1,2)} = 0$$

$$P_{(2,3)} = \mathcal{Q}_{(2,4,2)} - \mathcal{Q}_{(3,4,1)} = 5, P_{(3,4)} = \mathcal{Q}_{(3,4,1)} - \mathcal{Q}_{(4,4,0)} = 4$$

最短路径辅助背压算法的详细描述如下。

算法的输入：$G = (N, L)$，源节点 s，目标节点 d。

算法的输出：路由/调度方案。

算法的步骤如下：

步骤 (1)：在时刻 t 将流 f 注入的包存到节点 $s(f)$ 的队列 $\{s(f), d(f), H_f\}$ 中。

步骤 (2)：网络首先计算 $\mu^*[t]$ 来解决下列最优化问题：

$$\mu^*[t] = \arg\max_{\mu \in \Gamma} \sum_{(m,n) \in L} \mu_{(m,n)} P_{(m,n)}[t]$$

式中，μ 为一个可行链路速率向量；$\mu_{(m,n)}$ 表示链路 (m, n) 的传输速率。

步骤 (3)：对于链路 (m, n)，如果 $\mu^*_{(m,n)}[t] > 0$ 且 $P_{(m,n)}[t] > 0$，节点 m 会选择一对队列，如 $\{n, d, h\}$ 和 $\{m, d, k\}$，使得

$$\mathcal{Q}_{\{m,d,k\}}[t] - \mathcal{Q}_{\{n,d,h\}}[t] = P_{(m,n)}[t]$$

并以速率 $\mu^*_{(m,n)}[t]$ 将数据包由队列 $\{m, d, k\}$ 发送到队列 $\{n, d, h\}$。

考虑图 6.12 所示的例子，假设节点独有的干扰模型中邻接链路不能同时激活，同时，假设所有链路的传输能力均为 1 包/s，那么，针对图中给出的队列状态，很容易验证 $\mu^*_{(1,4)} = \mu^*_{(2,3)} = 1, \mu^*_{(1,2)} = \mu^*_{(1,3)} = \mu^*_{(3,4)} = 0$。因此，节点 1 会从队列 $\{1, 4, 1\}$ 传输 1 个包到它的目标节点 (节点 4)，节点 2 会从队列 $\{2, 4, 2\}$ 传输 1 个包到节点 3 的队列 $\{3, 4, 1\}$。

在每跳约束下，最短路径辅助背压算法能够达到网络稳定与吞吐量最优。

定理 2：给定通信量 A 和跳约束 H，数据包在满足跳约束的路径上转发的前提下，最短路径辅助背压算法能够使得网络达到稳定状态。

证明：首先很容易验证 $\{\mathcal{Q}[t]\}_t$ 满足马尔科夫过程，因为基于最短路径的背压算法是基于时刻 t 队列长度和链路状态的路由调度决策。定义李雅普诺夫函数如下：

$$V[t] = \sum_{\{n,d,h\}} \left(\mathcal{Q}_{\{n,d,h\}}[t] \right)^2 \tag{6.26}$$

李雅普诺夫函数的流如下：

$$\begin{aligned}
\Delta V[t] &= V[t+1] - V[t] \\
&= \sum_{\{n,d,h\}} \left(\mathcal{Q}_{\{n,d,h\}}[t] + \Delta \mathcal{Q}_{\{n,d,h\}}[t] \right)^2 - \left(\mathcal{Q}_{\{n,d,h\}}[t] \right)^2 \\
&= \sum_{\{n,d,h\}} \left[\left(\Delta \mathcal{Q}_{\{n,d,h\}}[t] \right)^2 + 2\Delta \mathcal{Q}_{\{n,d,h\}}[t] \, \mathcal{Q}_{\{n,d,h\}}[t] \right]
\end{aligned}$$

式中，

$$\Delta\mathcal{Q}_{\{n,d,h\}}\left[t\right] = \Delta\mathcal{Q}_{\{n,d,h\}}\left[t+1\right] - \Delta\mathcal{Q}_{\{n,d,h\}}\left[t\right]$$
$$= A_f\left[t\right]I_{\substack{s(f)=n,d(f)=d \\ H_f=h}} + \sum_{\substack{m:(m,n)\in L \\ k:k-1\geqslant h}}\nu_{\{m,d,k\}}^{\{n,d,h\}}\left[t\right] - \sum_{\substack{i:(m,i)\in L \\ l:h-1\geqslant l}}\nu_{\{n,d,h\}}^{\{i,d,l\}}\left[t\right]$$

已知 $A_f\left[t\right]\leqslant A_{\max}$, $\nu_{\{n,d,h\}}^{\{i,d,l\}}\left[t\right] = \mu_{\{n,d,h\}}^{\{i,d,l\}}\left[t\right] - u_{\{n,d,h\}}^{\{i,d,l\}}\left[t\right]$, $0\leqslant u_{\{n,d,h\}}^{\{i,d,l\}}\left[t\right]\leqslant \mu_{\max}$。
很容易验证下列等式是成立的：

(1) $\left(\Delta\mathcal{Q}_{\{n,d,h\}}\left[t\right]\right)^2\leqslant\left(A_{\max}+\mu_{\max}\right)^2$;

(2) $\nu_{\{m,d,k\}}^{\{n,d,h\}}\left[t\right]\leqslant u_{\{m,d,k\}}^{\{n,d,h\}}\left[t\right]$;

(3) $\nu_{\{m,d,k\}}^{\{n,d,h\}}\left[t\right]\leqslant u_{\{m,d,k\}}^{\{n,d,h\}}\left[t\right]$, 当且仅当 $\mathcal{Q}_{\{n,d,h\}}\left[t\right] < \mu_{\max}$, 也就是说队列 $\{n,d,h\}$ 没有足够的数据包用来传输。

所以有

$$\Delta V\left[t\right]\leqslant M_I + 2\sum_{\{n,d,h\}}\left(\mathcal{Q}_{\{n,d,h\}}\left[t\right]A_f\left[t\right]I_{\substack{s(f)=n,d(f)=d \\ H_f=h}}\right.$$
$$\left. + \mathcal{Q}_{\{n,d,h\}}\left[t\right]\left(\mu_{\text{in}\{n,d,h\}}\left[t\right] - \mu_{\text{out}\{n,d,h\}}\left[t\right]\right)\right) \tag{6.27}$$

式中，

$$\begin{cases} M_I = \sum_{\{n,d,h\}}\left[\left(A_{\max}+\mu_{\max}\right)^2 + 2\mu_{\max}\left(A_{\max}+\mu_{\max}\right)\right] \\ \mu_{\text{in}\{n,d,h\}}\left[t\right] = \sum_{m:(m,n)\in L}\mu_{\{m,d,h+1\}}^{\{n,d,h\}}\left[t\right] \\ \mu_{\text{out}\{n,d,h\}}\left[t\right] = \sum_{i:(m,i)\in L}\mu_{\{n,d,h\}}^{\{i,d,h-1\}}\left[t\right] \end{cases} \tag{6.28}$$

对任意的时刻 t, 有

$$\sum_{(m,n)\in L}\sum_{d\in D,h:h\geqslant H_{n\to d}^{\min}}\hat{\mu}_{\{m,d,h+1\}}^{\{n,d,h\}}\left[t\right]\left(\mathcal{Q}_{\{m,d,h+1\}}\left[t\right] - \mathcal{Q}_{\{n,d,h\}}\left[t\right]\right)$$
$$= \sum_{(m,n)\in L}\sum_{d\in D,h:h\geqslant H_{n\to d}^{\min}}\hat{\mu}_{\{m,d,h+1\}}^{\{n,d,h\}}\left[t\right]P_{\{m,d,h+1\}}^{\{n,d,h\}}\left[t\right]$$
$$\leqslant\max_{\mu\in\Gamma}\sum_{(m,n)\in L}\sum_{\substack{d\in D, h:h\geqslant H_{n\to d}^{\min} \\ k:k-1\geqslant h}}\mu_{\{m,d,k\}}^{\{n,d,h\}}\left[t\right]P_{\{m,d,k\}}^{\{n,d,h\}}\left[t\right]$$
$$= \sum_{(m,n)\in L}\mu_{\{m,d,k\}}^{\{n,d,h\}}\left[t\right]P_{\{m,d,k\}}^{\{n,d,h\}}\left[t\right] \tag{6.29}$$

根据等式 (6.18), 对任意的 $\varepsilon > 0$, 有

$$\Delta V\left[t\right]\leqslant M_i+2\sum_{\{n,d,h\}}\left[\mathcal{Q}_{\{n,d,h\}}\left[t\right]A_f\left[t\right]\left(\frac{\mu_{\mathrm{out}\{n,d,h\}}\left[t\right]}{I+\varepsilon}-\frac{\mu_{\mathrm{in}\{n,d,h\}}\left[t\right]}{I+\epsilon}\right)\right.$$

$$\left.+\mathcal{Q}_{\{n,d,h\}}\left[t\right]\left(\mu_{\mathrm{in}\{n,d,h\}}\left[t\right]-\mu_{\mathrm{out}\{n,d,h\}}\left[t\right]\right)\right]$$

$$\leqslant M_I-2\left(1-\frac{1}{1+\varepsilon}\right)\sum_{(m,n)\in L}\sum_{\substack{d\in D,h:h\geqslant H_{n\to d}^{\min}\\k:k-1\geqslant h}}\mu_{\{m,d,k\}}^{\{n,d,h\}}\left[t\right]$$

$$\times\left(\mathcal{Q}_{\{m,d,k\}}\left[t\right]-\mathcal{Q}_{\{n,d,h\}}\left[t\right]\right)$$

$$=M_I-\frac{2\varepsilon}{1+\varepsilon}\sum_{(m,n)\in L}\sum_{\substack{d\in D,h:h\geqslant H_{n\to d}^{\min}\\k:k-1\geqslant h}}\mu_{\{m,d,k\}}^{\{n,d,h\}}\left[t\right]\left(\mathcal{Q}_{\{m,d,k\}}\left[t\right]-\mathcal{Q}_{\{n,d,h\}}\left[t\right]\right)$$

式中，$\displaystyle\sum_{(m,n)\in L}\sum_{\substack{d\in D,h:h\geqslant H_{n\to d}^{\min}\\k:k-1\geqslant h}}\mu_{\{m,d,k\}}^{\{n,d,h\}}\left[t\right]\left(\mathcal{Q}_{\{m,d,k\}}\left[t\right]-\mathcal{Q}_{\{n,d,h\}}\left[t\right]\right)\geqslant M_I$。因此，
网络是稳定的。

6.4.4　吞吐量最优及跳数最优的路由调度

在没有跳约束的场景下，在无环路径中，跳数的上限是 $N-1$。定义 H，对任意的 $f\in F$，有 $H\left[f\right]=N-1$，然后假设所有的流都与跳约束 H 相关联，也就是说所有的无环路径都是被允许的。在本小节提出一种既能保证吞吐量最优又能保证跳数最优的算法，也就是最小化平均路径长度 (最小化端对端的传输延迟)。

1. 跳数最小化

给定通信量 A，定义 S_A 表示使网络达到稳定状态所有路由调度策略，$A_{f,p,h}\left[\infty\right]$ 表示流 f 在策略 P 下以 h 跳传送数据包的速率，其中 P 表示使得网络达到稳定状态的调度策略。目标是找到一个策略 P 使其满足

$$P=\arg\min_{P\in S_A}\sum_{f\in F}\sum_{N-1\geqslant h>0}hA_{f,p,h}\left[\infty\right]\tag{6.30}$$

每个稳定策略 P 都会产生一个可获得的传输速率向量 $\mu=\left\{\hat{\mu}_{\{m,d,h+1\}}^{\{n,d,h\}}\right\}$，$\hat{\mu}_{\{m,d,h+1\}}^{\{n,d,h\}}$ 是链路 (m,n) 以 h 跳传输数据包到目标节点的平均传输速率。因此，上述问题等价于如下最优化问题：

$$\begin{cases}\min\sum_{f\in F}\sum_{N-1\geqslant h>0}hA_{f,h}\\\mathrm{s.t.}\sum_{f\in F}A_{f,h}I_{s(f)=n,d(f)=d}+\sum_{m:(m,n)\in L}\hat{\mu}_{\{m,d,h+1\}}^{\{n,d,h\}}\left[t\right]\leqslant\sum_{i:(m,i)\in L}\mu_{\{n,d,h\}}^{\{i,d,h-1\}}\left[t\right],\forall n\neq d\end{cases}$$
$$\tag{6.31}$$

为了理解上述问题，可以考虑将流 f 分流成 $N-1$ 个流 $\{f_1, f_2, \cdots, f_{N-1}\}$ 并为流 f 到 f_h 分配一个分数 $A_{f,h}/A_f$，在流 f_h 中引入跳数 h，那么流 f 传送每个包的平均跳数为

$$\sum_{N-1 \geqslant h > 0} h A_{f,h}$$

因此上述问题是为了找到一个分流策略来最小化数据包传输的跳数。

2. 对偶分解

为了解决上述最优化问题，定义 $\beta_{\{n,d,h\}}$ 表示与约束相应的拉格朗日乘数，则部分拉格朗日二元函数如下：

$$L(\beta) = \min_{\{A_{f,h}\}, \hat{\mu} \in CH(\Gamma)} \left[\sum_{f \in F, N-1 \geqslant h > 0} h A_{f,h} \right.$$
$$\left. + \sum_{(n,d,h)} \beta_{\{n,d,h\}} \times \left(A_{\text{in}(\{n,d,h\})} + \hat{\mu}_{\text{in}(\{n,d,h\})} - \hat{\mu}_{\text{out}(\{n,d,h\})} \right) \right] \quad (6.32)$$

式中，

$$\hat{\mu}_{\text{out}(\{n,d,h\})} = \sum_{i:(n,i) \in L} \hat{\mu}_{\{n,d,h\}}^{\{i,d,h-1\}} \quad (6.33)$$

$$\hat{\mu}_{\text{in}(\{n,d,h\})} = \sum_{m:(m,n) \in L} \hat{\mu}_{\{m,d,h+1\}}^{\{n,d,h\}}[t] \quad (6.34)$$

$$A_{\text{in}(\{n,d,h\})} = \sum_{f \in F} A_{f,h} I_{s(f)=n, d(f)=d} \quad (6.35)$$

根据斯莱特条件，强对偶性成立。因此，存在 (β, μ, A) 使得 (A, μ) 是所述问题的最优解决方案，且

$$(A, \mu) = \arg \min_A \sum_{f \in F, N-1 \geqslant h > 0} \left(h A_{f,h} + \beta_{s(f),d(f),h} A_{f,h} \right)$$
$$- \arg \min_{\mu \in CH(\Gamma)} \sum_{(n,d,h)} \beta_{\{n,d,h\}} \times \left(\hat{\mu}_{\text{out}(\{n,d,h\})} - \hat{\mu}_{\text{in}(\{n,d,h\})} \right)$$

从上述等式中，可以总结出存在 (β, μ, A) 使得如下等式成立：

$$A \in \arg \min_A \sum_{f \in F, N-1 \geqslant h > 0} \left(h A_{f,h} + \beta_{s(f),d(f),h} A_{f,h} \right) \quad (6.36)$$

限制条件为：$\sum_{N-1 \geqslant h > 0} A_{f,h} = A_f, A_{f,h} \geqslant 0$。

$$\mu \in \arg \max_{\mu \in CH(\Gamma)} \sum_{(n,d,h)} \beta_{\{n,d,h\}} \times \left(\hat{\mu}_{\text{out}(\{n,d,h\})} - \hat{\mu}_{\text{in}(\{n,d,h\})} \right) \quad (6.37)$$

限制条件为: $\hat{\mu}_{\{m,d,h+1\}}^{\{n,d,h\}} = 0$, 如果 $h < H_{n\to d}^{\min}, \hat{\mu}_{\{m,d,h+1\}}^{\{n,d,h\}} \geqslant 0$

根据拉格朗日乘数的定义有如下等式成立:

$$\beta_{\{n,d,h\}} \times \left(\hat{\mu}_{\text{out}(\{n,d,h\})} - A_{\text{in}(\{n,d,h\})} - \hat{\mu}_{\text{in}(\{n,d,h\})} \right) = 0 \tag{6.38}$$

3. 基于最短路径的背压算法

受上述等式的启发, 这部分提出了基于最短路径的背压算法。

首先, 对 $\hat{\mu}$ 来说, $\sum\limits_{(n,d,h)} \beta_{\{n,d,h\}} \times \left(\hat{\mu}_{\text{out}(\{n,d,h\})} - \hat{\mu}_{\text{in}(\{n,d,h\})} \right)$ 是线性的, 因此有如下等式:

$$\max_{\mu \in CH(\Gamma)} \sum_{(n,d,h)} \beta_{\{n,d,h\}} \times \left(\hat{\mu}_{\text{out}(\{n,d,h\})} - \hat{\mu}_{\text{in}(\{n,d,h\})} \right)$$
$$= \max_{\mu \in \Gamma} \sum_{(n,d,h)} \beta_{\{n,d,h\}} \times \left(\mu_{\text{out}(\{n,d,h\})} - \mu_{\text{in}(\{n,d,h\})} \right)$$

拉格朗日乘数 $\beta_{\{n,d,h\}}$ 是与队列长度 $\mathcal{Q}_{\{n,d,h\}}$ 相关的, 此外, 根据等式提出了一种通信量分流机制, 使得在时刻 t, 流 f 注入的数据包存储在跳数为 h 的队列中, h 的取值为

$$h \in \arg \min_{N-1 \geqslant h > 0} \left(Kh + \mathcal{Q}_{\{s(f),d(f),h\}}[t] \right)$$

参数 K 是一个调谐参数, 在随机网络中, 参数 K 起着关键作用。理论上, K 的值控制了网络中所有背压值与稳定状态下资源分配方案最优性之间的权衡。当 $K \to \infty$ 时, 算法渐近地解决了跳数最小化的问题, 但是同时对网络中越来越大的背压也付出了代价。基于最短路径的背压算法的详细描述如下。

算法的输入: $G = (N, L)$, 源节点 s, 目标节点 d。

算法的输出: 路由/调度方案。

算法的步骤如下。

步骤 (1): 在时刻 t, 将流 f 注入的包存到节点 $s(f)$ 的队列 $\{s(f), d(f), h\}$ 中, 其中 h 为下列集合的最小整数值:

$$\left\{ h : h \in \arg \min_{N-1 \geqslant h > 0} \left(Kh + \mathcal{Q}_{\{s(f),d(f),h\}}[t] \right) \right\}$$

步骤 (2): 网络首先计算 $\mu^*[t]$ 来解决下列最优化问题:

$$\mu^*[t] = \arg \max_{\mu \in \Gamma} \sum_{(m,n) \in L} \mu_{(m,n)} P_{(m,n)}[t]$$

式中, μ 为一个可行链路速率向量; $\mu_{(m,n)}$ 表示链路 (m,n) 的传输速率。

步骤 (3)：对于链路 (m,n)，如果 $\mu^*_{(m,n)}[t] > 0$ 且 $P_{(m,n)}[t] > 0$，节点 m 会选择一对队列，如 $\{n,d,h\}$ 和 $\{m,d,k\}$ 的，使得

$$\mathcal{Q}_{\{m,d,k\}}[t] - \mathcal{Q}_{\{n,d,h\}}[t] = P_{(m,n)}[t]$$

并以速率 $\mu^*_{(m,n)}[t]$ 将数据包由队列 $\{m,d,k\}$ 发送到队列 $\{n,d,h\}$。

6.4.5 仿真与实验结果分析

在这部分，通过实验仿真研究提出算法的性能，仿真通过 NS2 实现。考虑如图 6.4 所示的 64 节点网络，每两个节点之间的连接都是一条通信链路，所有的链路均为双向传输，且链路的传输能力为 1 包/s，假设所有链路都是正交的，同时假设所有链路的传输延迟均为 0，所有流的到达速率均相同，用 λ 包/s 表示。

创建如表 6.1 所示的 8 个数据流，每个数据流的到达速率均为 λ 包/s，在仿真中引入 λ 观察基于最短路径的背压算法的性能，对于每个 λ 仿真都执行 100000 次迭代。在实验室仿真中，研究了数据包交付的平均跳数、平均端对端传输延迟及每个节点的平均队列长度等方面的内容。

首先，研究算法中 $k = 0.1, 1, 10, 100$ 时包交付的平均跳数，实验结果如图 6.13 和图 6.14 所示，结果显示提出的算法平均跳数明显小于传统的背压算法，且在一定范围内，随着 k 值的增大，平均跳数越来越小。

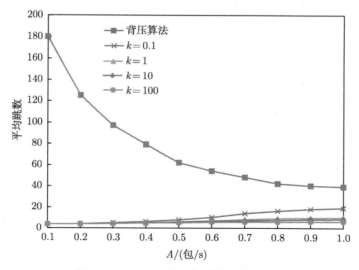

图 6.13 不同 k 值下的平均跳数示意图

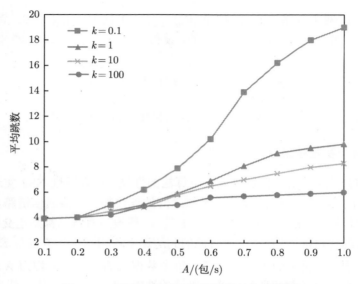

图 6.14　不同 k 值下平均跳数的放大示意图

　　其次，计算算法中 $k = 0.1, 1, 10, 100$ 时算法的平均端对端传输延迟，实验结果如图 6.15 所示，结果显示，随着 k 值的增加，端对端传输的延迟增加，且 k 小于 100 时，端对端传输延迟要比传统的背压算法低。

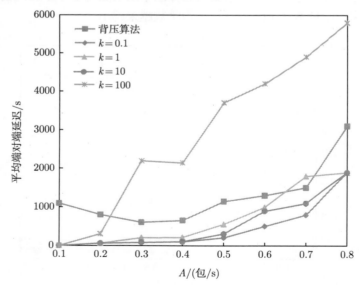

图 6.15　不同 k 值下平均端对端传输延迟示意图

　　最后，队列长度反映了网络中节点的负载压力，实验结果如图 6.16 所示，随着

k 值的增加，每个节点的平均队列长度增加，暗示了每个节点的负载压力在增大。

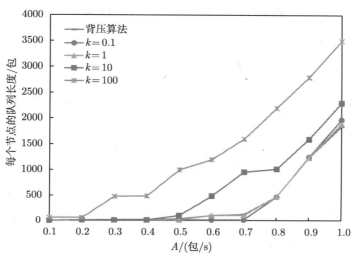

图 6.16 不同 k 值下平均队列长度示意图

本节提出了一种集成背压算法和最短路径路由调度的路由调度算法，引入跳数 h 作为背压算法的参数，提出了跳数 h 约束下的队列管理机制，进而基于跳数 h 改造背压算法。理论证明，算法能够在保证跳数最优的情况下达到吞吐量最优。在实验仿真部分描述使用提出的算法能够有效地改善端对端传输的延迟问题。

6.5 本 章 小 结

目前，以智能手机为代表的高能力移动终端得到了迅速发展，在不久的将来，移动终端将成为造成因特网数据通信的主体，所以移动终端以及移动通信环境将会成为未来大量计算应用的基础工作环境。现在的人们非常愿意将自己拍摄的视频等媒体文件共享到网络上，在社交网络的朋友之间互传，大规模高质量视频文件的网络共享造成的结果是需要在无线网络上传输非常大量的流媒体数据，对本来就紧缺的无线网络通信资源造成更大压力。

在尽量提高用户满意度的同时，如何有效缓解无线通信压力是目前没有解决的重要问题。由于基于背压的路由、调度策略可以使得网络负载平衡，最大化网络利用率，而这样的结论正好适用于解决无线网络中流媒体数据上传时存在的通信带宽压力问题，因此选择背压算法作为移动流媒体传输的基本研究方法。本章对背压算法进行了深入的分析和研究，结合流媒体传输的特性对背压算法进行改造，并对改造后的算法进行理论分析和实验验证。

参 考 文 献

[1] Smartphone Owners Lead Rise in Mobile Internet Usage[R/OL]. [2016-1-5].https://www.strategyanalytics.com/default.aspx?mod=ReportAbstractViewer&a0=5100.

[2] AKYILDIZ I, WANG X, WANG W. Wireless mesh networks: a survey[J]. Computer Networks, 2011, 47(4): 445-487.

[3] HA W T, ZHANG G J, CHEN L P. Conformance checking and QoS selection based on CPN for Web service composition[J]. International Journal of Pattern Recognition and Articial Intelligence, 2015, 29(2): 1-16.

[4] BALAN R, KHOA N, LINGXIAO J. Real-time trip information service for a large taxi fleet[J]. International Conference on Mobile Systems, 2011, (1): 99-112.

[5] KOUKOUMIDIS E, PEHL, MARTONOSI M. Signalguru: leveraging mobile phones for collaborative traffic signal schedule advisory[J]. International Conference on Mobile Systems, 2011, (1): 353-354.

[6] HA W T. Reliability prediction for Web service composition[J]. Computational Intelligence and Security, 2017, (1): 570-573.

[7] TAKESHI S, MAKOTO O, YUTAKA M. Earthquake shakes twitter users: real-time event detection by social sensors[C]. Proceedings of the 19th International Conference on World Wide Web, New York: ACM, 2010.

[8] YUKI A, XING X, TAKAHIRO H, et al. Mining people's trips from large scale geo-tagged photos[J]. ACM International Conference on Multimedia, 2010, (1): 133-142.

[9] 朱晓亮, 王丽娜. 无线 Mesh 网流媒体传输速率控制策略及模型 [J]. 计算机应用研究, 2009, 26(3): 991-993.

[10] 孙红, 汪春雨. 无线 Mesh 网络中基于协同调度的流媒体传输控制的研究 [J]. 上海理工大学学报, 2009, 31(5): 459-462.

[11] 孙伟, 温涛, 郭权. 一种适用于无线网络的流媒体传输机制 [J]. 计算机应用, 2009, 29(1): 12-15.

[12] AGUAYO D, BICKET J, BISWAS S, et al. Link-level measurements from an 802.11b mesh network[J]. ACM SIGCOMM, 2010, (1): 121-132.

[13] AKELLA A, JUDD G, SESHAN S, et al. Self-management in chaotic wireless deployments[J]. ACM MobiCom, 2010, (1): 185-199.

[14] ZHAO J, ZHENG H, YANG G. Distributed coordination in dynamic spectrum allocation networks[J]. IEEE DySPAN, 2010, (1): 259-268.

[15] MELODIA T, AKYILDIZ F. Cross-layer QoS-aware communication for ultra wide band wireless multimedia sensor networks[J]. IEEE Journal on Selected Areas in Communications, 2010, 28(5): 653-663.

[16] 韩莉, 钱焕延. 适用于无线网络流媒体传输的可靠多播协议反馈算法的优化 [J/OL]. [2011-2-14, 2013-12-4]. http://www.cnki.net/kcms/detail/11.2127.tp.20110224.16.017.html.

[17] 韩莉, 钱焕延. 适用于无线网络流媒体传输的可靠多播协议设计 [J]. 计算机科学, 2010, 37(9): 124-126.

[18] DUTTA P, SEETHARAM A, ARYA V, et al. On quality of experience management of multiple VBR video streams in wireless networks[J]. INFOCOM, 2012, (1): 184-192.

[19] WIKIPEDIA. Backpressure routing[EB/OL]. [2016-7-8]. https://en.wikipedia.org/wiki/Backpressure_routing.

[20] LEI Y. Cluster-based back-pressure routing algorithm[J]. INFOCOM, 2008, (2): 1157-1165.

[21] LAUFER R, SALONTDIS T, LUNDGREN H, et al. Design and implementation of backpres-
      sure scheduling in wireless multi-hop from theory to practice[J]. ACM SIGMOBILE Mobile
      Computing and Communications Review, 2010, 3(14): 40-42.

[22] SZWABE A, MTSTORE K, et al. Implementation of backpressure-based routing integrated
      with max-weight scheduling in a wireless multi-hop network[J]. Proceedings of the 2010 IEEE
      35th Conference on Local Computer Networks, 2010, (1): 983-988.

[23] LEI Y, SHAKKOTTAI S, REDDY A, et al. On combining shortest-path and back-pressure
      routing over multihop wireless networks[J]. IEEE/ACM Transactions On Networking, 2011,
      3(19): 841-854.

[24] CHOUMAS K, KORAKlS T, KOUTSOPOULOS I, et al. Implementation and end-to-end
      throughput evaluation of an IEEE 802.11 compliant version of the enhanced-backpressure algo-
      rithm[J]. Tridentcom, 2012, (2): 198-206.

结 束 语

伴随着网络技术的发展和普及，网络已经走入了千家万户。网络用户数目的增加和应用范围的拓宽，带来了一个非常直观的问题——用户需求形式的多样化。特别是近期内用户对多媒体信息的需求增加的速度惊人。网络电视、远程教育、视频会议、宽带电视广播、移动和无线多媒体服务蓬勃发展起来，视频、声音、图像、动画等多媒体信息已成为人们生活的一部分。流媒体的需要速度正以指数级增长着，它的实时性、高速性、宽带性使因特网的网络设施常常不能满足流媒体的需求，网络资源和流媒体的广泛应用之间的矛盾日益加重，节约网络资源保证流媒体应用成为挑战性的研究课题。

本书主要从以下几个方面进行了研究和创新：

(1) 研究了现有的流媒体传输方式，较为详细地分析了它们各自的侧重点，总结了常见方法的特点、使用环境及其存在的不足。并在此基础之上提出了如何更好地实现流媒体传输研究思路。

(2) 较为系统地介绍了流媒体技术基础知识，包括流媒体的基本原理、发展现状和传输协议。对流式传输技术主要涉及的多种实时传输协议，如 RTSP、RTCP、RTP 等均作了较为细致的研究。

(3) 主要介绍了代理缓存技术，首先对比网络缓存技术，提出流媒体缓存的必要性。流媒体缓存技术可分为客户端缓存、服务器端缓存以及代理缓存。并提出了流媒代理缓存的设计目标和性能评价指标。

(4) 阐述了流媒体服务器和流媒体代理服务器的搭建过程，以及前缀缓存的管理，对于补丁算法的改进及其实现，完成了本书流式传输系统的实现。

(5) 阐述了网络拥塞和各种拥塞控制方法，并深入研究和探讨了流媒体的各种拥塞控制机制，并在 TCP 友好速度控制机制 TFRC 算法的基础上提出了改进的拥塞控制算法，利用数学证明验证了其正确性与完备性。

(6) 介绍了集群负载均衡技术的发展以及流媒体的相关协议，深入分析与研究了现有的静态和动态负载均衡算法，明确各种调度算法的适用场景。针对传统动态反馈算法存在的问题做出改进。

(7) 对移动流媒体特性进行分析和研究，针对移动传输中存在的问题给出了流媒体传输背压算法，并对给出的算法进行理论分析和实验验证。

随着互联网络的不断发展以及因特网技术的不断成熟，网络上大量的信息越来越多地以流媒体的形式出现在网络上，流媒体技术的相关研究如应用研究、国际标准等日益成为广大研究人员和科研院所的研究热点。

　　由于水平所限，本书仅对流媒体技术中涉及的部分技术进行了较深入的研究，没有涉及网络传输中的流量控制及速率控制、流媒体服务器的负载接纳控制等问题。作者将以本书取得的成果为基础，继续积极探索相关的学术领域。

　　流媒体技术是通信技术和多媒体信息处理技术的交叉学科，涉及的知识、理论领域广阔，随着新技术的不断出现，还会有新的课题不断涌现，值得进一步探讨。作者认为，目前在该领域尚有如下课题值得深入研究：

　　(1) 集群流媒体代理体系结构中，存储子系统的缓存替换、复制与迁移算法；

　　(2) 流媒体系统中，服务器和缓存代理上的用户请求接纳控制与负载均衡机制；

　　(3) 流媒体技术在移动通信领域的应用，包括用户移动性和业务连续性管理，P2P 流媒体技术在移动通信领域，尤其是即将到来的 5G 时代中的应用；

　　(4) 流媒体系统的可运营性研究，包括安全、认证、计费等；

　　(5) 流媒体系统的内容存储研究，包括如何利用现有的存储、缓存等技术提高媒体内容的存取效率和存储子系统的可靠性；

　　(6) CDN 技术在流媒体系统中的应用，CDN 与 P2P 的有效结合等。